Rachid Bouras

Rhéologie des pâtes et mortiers cimentaires

Rachid Bouras

Rhéologie des pâtes et mortiers cimentaires

Influences des ajouts organiques et minéraux sur la rhéologie des pâtes et mortiers cimentaires

Presses Académiques Francophones

Impressum / Mentions légales

Bibliografische Information der Deutschen Nationalbibliothek: Die Deutsche Nationalbibliothek verzeichnet diese Publikation in der Deutschen Nationalbibliografie; detaillierte bibliografische Daten sind im Internet über http://dnb.d-nb.de abrufbar.

Alle in diesem Buch genannten Marken und Produktnamen unterliegen warenzeichen-, marken- oder patentrechtlichem Schutz bzw. sind Warenzeichen oder eingetragene Warenzeichen der jeweiligen Inhaber. Die Wiedergabe von Marken, Produktnamen, Gebrauchsnamen, Handelsnamen, Warenbezeichnungen u.s.w. in diesem Werk berechtigt auch ohne besondere Kennzeichnung nicht zu der Annahme, dass solche Namen im Sinne der Warenzeichen- und Markenschutzgesetzgebung als frei zu betrachten wären und daher von jedermann benutzt werden dürften.

Information bibliographique publiée par la Deutsche Nationalbibliothek: La Deutsche Nationalbibliothek inscrit cette publication à la Deutsche Nationalbibliografie; des données bibliographiques détaillées sont disponibles sur internet à l'adresse http://dnb.d-nb.de.

Toutes marques et noms de produits mentionnés dans ce livre demeurent sous la protection des marques, des marques déposées et des brevets, et sont des marques ou des marques déposées de leurs détenteurs respectifs. L'utilisation des marques, noms de produits, noms communs, noms commerciaux, descriptions de produits, etc, même sans qu'ils soient mentionnés de façon particulière dans ce livre ne signifie en aucune façon que ces noms peuvent être utilisés sans restriction à l'égard de la législation pour la protection des marques et des marques déposées et pourraient donc être utilisés par quiconque.

Coverbild / Photo de couverture: www.ingimage.com

Verlag / Editeur:
Presses Académiques Francophones
ist ein Imprint der / est une marque déposée de
OmniScriptum GmbH & Co. KG
Heinrich-Böcking-Str. 6-8, 66121 Saarbrücken, Deutschland / Allemagne
Email: info@presses-academiques.com

Herstellung: siehe letzte Seite /
Impression: voir la dernière page
ISBN: 978-3-8416-2980-7

Copyright / Droit d'auteur © 2014 OmniScriptum GmbH & Co. KG
Alle Rechte vorbehalten. / Tous droits réservés. Saarbrücken 2014

Table des matières

Liste des figures 04
Liste des tableaux 07
INTRODUCTION GENERALE 09

ETUDE BIBLIOGRAPHIQUE 13

Chapitre I **ETAT DES CONNAISSANCES ET PRATIQUE ACTUELLE DES BETONS AUTOPLAÇANTS** 14
    1. Introduction 14
    2. Mise en œuvre 14
    3. Domaine d'emploi 16
    4. Impact socio-économique 19

Chapitre II **FORMULATION DES BETONS AUTOPLAÇANTS** 20
    1. Introduction 20
    2. Cahier de charge minimum à l'état frais 21
    3. Particularité de la composition des BAP 22
        3.1. Un volume de pâte élevé 22
        3.2. Une quantité de fines (Ø < 80 µm) importante 23
            3.2.1. Les ajouts minéraux (ou fillers) 23
                3.2.1.1. Généralités 24
                3.2.1.2. Les fillers calcaires 24
                3.2.1.3. La fumée de silice 25
                3.2.1.4. Les cendres volantes 28
                3.2.1.5. Les laitiers de hauts fourneaux 28
        3.3. L'emploi de superplastifiants 28
            3.3.1. Mode d'action des superplastifiants 29
            3.3.2. L'effet électrostatique au voisinage de la particule de ciment 30
            3.3.3. La corrélation ionique 31
            3.3.4. Quelques adjuvants organiques 32
                3.3.4.1. Les lignosulfonates 32
                3.3.4.2. Les polynaphtalènes sulfonates (PNS) et polymélamines sulfonates (PMS) 32
                3.3.4.3. Les polycarboxylates 33
                3.3.4.4. Les phosphonates éthoxylés 35
                3.3.4.5. La consommation des superplastifiants 35
                3.3.4.6. Les sulfates alcalins 37
                3.3.4.7. L'action des sulfates régulateurs de prise et des sulfates alcalins 38

3.4. L'utilisation éventuelle d'un agent de viscosité (rétenteur d'eau)   39
3.5. Un faible volume de gravillon   41
4. différentes formulations des BAP   42
    4.1. Approche de Jean-Marie Geoffray   42
    4.2. Approche japonaise   43
    4.3. Approche suédoise (CBI)   44
    4.4. Approche LCPC   45
    4.5. Quelques formulations types   45

Chapitre III   NOTIONS DE BASE SUR LA RHEOLOGIE

1. Introduction   49
2. Concepts de base de la rhéologie   49
    2.1. Concentration volumique solide Φ 49
    2.2. L'indice des vides et la porosité   50
    2.3. Le coefficient de consolidation Cv [m^2/s]   50
    2.4. La perméabilité k [m/s]   50
    2.5. Les contraintes de cisaillement τ [Pa]   51
    2.6. La vitesse de cisaillement $\dot{\gamma}$ [s^{-1}]   52
    2.7. La viscosité dynamique μ [Pa.s]   53
    2.8. Le seuil de cisaillement   54
3. Comportements rhéologiques   54
    3.1. Les lois de comportement rhéologique   55
    3.2. La thixotropie et antithixotropie   52
       3.2.1. La thixotropie   58
       3.2.2. L'antithixotropie   61
    3.3. Les modèle comportement rhéologique   61
       3.3.1. Fluides visqueux (sans seuil)   61
       3.3.2. Fluides viscoplastiques   62
    3.4. Les modèles structuraux   63
    3.5. La structuration-déstructuration   64
4. Optimisation rhéologique du béton   67
    4.1. Les mesures rhéologiques au cône d'Abrams   67
    4.2. Les mesures rhéologiques à la boîte LCPC   70
    4.3. Les mesures rhéologiques à la boite en L   71
    4.4. Les autres essais   72
5. Conclusion   80

EXPERIMENTATION ET DISCUSSION

Chapitre IV   RHEOLOGIE DES PATES DE CIMENT DU BETON AUTOPLAÇANT

1. Introduction   83
2. Formulation des échantillons utilisés   84
    2.1. Formulation des PAP
       2.1.1. Les pates utilisées   85
       2.1.2. Procédure et préparation   85
    2.2. Formulation des mortiers autoplaçants   86
3. Rhéométrie des suspensions   87
    3.1. Les rhéomètres traditionnels   87
    3.2. différentes géométrie utilisées pour les matériaux granulaires   89

3.2.1. Rhéomètre cône-plan	89
3.2.2. Rhéomètre plan-plan	90
3.2.3. Rhéomètre à cylindres coaxiaux	90
3.3. Rhéomètre utilisée pour les essais	92
3.3.1. équipements	92
3.3.2. Procédure de mesure	94
4. Résultats interprétations	95
4.1. Comportement rhéologique des pâtes de ciment.	95
4.1.1. influence de l'agent de viscosité sur la rhéologie	95
4.1.2. Influence sur les paramètres rhéologiques	97
4.2. Comportement rhéologique des mortiers de ciment	101
4.2.1. Influence de l'agent de viscosité sur la rhéologie	101
4.2.2. Influence sur les paramètres rhéologiques	102

Chapitre V **THIXOTROPIE DE LA PATE DE CIMENT** 107
1. Introduction 107
2. Les différentes méthodes de la caractérisation de la thixotropie 108
3. La procédure expérimentale pour la mesure de la thixotropie 110
   3.1. Matériaux utilisés 111
   3.2. Protocole d'essai 112
4. Résultats des essais et interprétations 113
4. Conclusion 117

Chapitre VI **STABILITE DES PATES DE CIMENTS DU BETON AUTOPLAÇANT**
1. Introduction 119
2. Essai de compression simple 119
   2.1. Contexte 119
   2.2. Mécanisme 121
   2.3. Description de l'essai 122
   2.4. Résultats des essais expérimentaux et interprétations 123
3. Ouvrabilité des pâtes de ciment 133
   3.1. Méthode utilisée pour la détermination de l'ouvrabilité 133
   3.2. Influence des adjuvants sur l'ouvrabilité 137
   3.3. Interprétations 144
4. Conclusion 144

CONCLUSION GENERALE ET PERSPECTIVES 146

REFERENCES BIBLIOGRAPHIQUES 149

Liste des Figures

Figure	Désignation	page
Figure I.1	Domaines de classification des bétons étendus au cas des B.A.P.	09
Figure I.2	Phénomène de blocage des granulats en présence d'un obstacle	14
Figure I.3	Influence de la finesse d'un filler sur le comportement rhéologique d'un béton	15
Figure I.4	Relation entre dosage en carbone et maniabilité	19
Figure I.5	Relation entre résistance et dosage en alcalins	20
Figure I.6	Défloculation des grains de ciment par l'adjuvant organique	22
Figure I.7	Mode d'action des réducteurs d'eau sur le ciment	22
Figure I.8	Double couche de Gouy et Chapman. ψs est le potentiel à la surface de la particule et ψH est le potentiel du plan où la couche diffuse commence (également appelé plan de Helmholtz extérieur	24
Figure I.9	La « bonne » image de la cohésion du ciment	25
Figure I.10	schéma général de la molécule des polyélectrolytes	25
Figure I.11	Représentation schématique des polymères	26
Figure I.12	Schéma général des co-polymères	26
Figure I.13	Représentation schématique de la formule de polycarboxylate	27
Figure I.14	Représentation schématique de la force entre deux surfaces avec des copolymères en peigne adsorbés en fonction de la distance de séparation	27
Figure I.15	Schéma des forces exercées entre un ensemble de particules de ciment sur lesquels sont adsorbés des copolymères de polycarboxylates avec des chaînes PEO	28
Figure I.16	Schéma général des phosphonates	29
Figure I.17	Illustration de l'explication du long maintien d'ouvrabilité en présence de co-polymères avec des chaînes polyethylène oxydes	30
Figure I.18	Réactivité du ciment – formation de la phase organo-minérale	30
Figure I.19	Représentation schématique de l'effet de la teneur en sulfates dans le ciment	32
Figure I.20	Illustration de la précipitation de la phase organo-minérale, dans le cas de l'addition directe du superplastifiant et celle de l'addition retardée	33
Figure I.21	Interaction entre l'eau et les polysaccharides	34
Figure I.22	Optimisation du dosage agent de viscosité – superplastifiant	35
Figure I.23	Comparaison entre une composition de B.A.P. et celle d'un béton vibré	36
Figure II.1	Schéma de la vitesse de cisaillement	46
Figure II.2	Schéma glissement des couches	47
Figure II.3	Rhéogrammes des différents types de comportement rhéologique	50
Figure II.4	Le corps thixotropique	53
Figure II.5	Comportement d'un corps thixotrope	53
Figure II.6	La variation de la viscosité en fonction du temps d'un système thixotropique sous l'influence d'une contrainte de cisaillement maintenue constante	55
Figure II.7	Rhéogramme d'un système présentant une antithixotropie	56
Figure II.8	Modèle Herschel-Bulkley en variant c et τ_o	58
Figure II.9	Rupture des US sous cisaillement et rhéofluidification des suspensions	61
Figure II.10	Dispositif d'essai de mesure de la fluidité du béton : le cône d'Abrams	67
Figure II.12	Essai de la boite en L	70
Figure II.13	Schématisation de l'essai de J-Ring	71
Figure II.14	Schématisation de l'essai à l'entonnoir V-funnel	72
Figure II.15	Schématisation de l'essai du tube en U.	73

Figure	Désignation	page
Figure II.17	Schématisation de l'essai de passoire.	75
Figure II.18	Schématisation de l'essai de stabilité (GTM)	76
Figure II.19	Essai de la colonne	77
Figure II.20	Essai à la bille	78
Figure III.1	Malaxeur utilisé	85
Figure III.2	Géométries de cisaillement de type Couette	87
Figure III.3	Géométrie de Couette cylindrique	91
Figure III.4	*Les* différentes géométries des cylindres coaxiaux	93
Figure III.5	Rhéomètre *AR 2000*	94
Figure III.6	Géométrie Vane	95
Figure III.7	illustration de l'état d'équilibre	96
Figure III.8	Rhéogramme de la pâte de ciment autoplaçante de référence.	97
Figure III.9	Différents rhéogrammes	98
Figure III.10	la viscosité différentielle en fonction de taux de cisaillement des pâtes de ciments autoplaçante pour différent dosage en agent viscosifiant	99
Figure III.11	Le rhéogramme de la pâte	100
Figure III.12	Seuil d'écoulement en fonction de dosage en agent viscosifiant (A.V.)	101
Figure III.13	Evolution de la consistance en fonction de dosage de A.V. dans la zone rhéoépaississante (taux de cisaillement élevée)	102
Figure III.14	Evolution de l'indice de fluidité en fonction du dosage en A.V.	103
Figure III.15	Courbe d'écoulement des mortiers pour différent dosage en agent viscosifiant	105
Figure III.16	Variation de la viscosité différentielle en fonction de dosage en (A.V).	106
Figure III.17	Variation du seuil d'écoulement en fonction de dosage en A.V.	107
Figure III.18	Influence du dosage en A.V. sur la consistance des mortiers	108
Figure III.19	Influence du dosage en A.V. sur l'indice de fluidité des mortiers	109
Figure IV.1	Méthode mesure de la thixotropie de Khayat	114
Figure IV.2	Autres procédures pour la caractérisation de la reprise de la thixotropie	114
Figure IV.3	Protocole d'essai	117
Figure IV.4	Evolution de la contrainte de cisaillement en fonction du temps pour différents dosages en agents de viscosité au taux de cisaillement relativement élevé	118
Figure IV.5	Evolution temporelle typique de la contrainte de cisaillement au repos (0,001 s^{-1}) après un cisaillement relativement élevé	120
Figure IV.6	Evolution temporelle de la contrainte de cisaillement au repos (0,001 s^{-1}) après un cisaillement relativement élevé pour différents dosage en A.V.	121
Figure V.1	Distribution de la vitesse dans les rhéomètres coaxiaux	126
Figure V.2	Le blocage de la galette	126
Figure V.3	Principe de l'essai de compression	127
Figure V.4	La pâte étudiée	128
Figure V.5	Schéma du principe de l'essai d'écrasement	128
Figure V.6	Appareillage utilisés pour l'essai d'écrasement	129
Figure V.7	Evolution de la force d'écrasement en fonction du déplacement sur la pâte ordinaire P.O à différentes vitesses	130
Figure V.9	Comportement rhéologique de la pâte PO en cisaillement avec rhéomètre de type Couette	132
Figure V.10	Evolution de la force en fonction de la vitesse à différentes épaisseurs	133
Figure V.11	Effet *de l'âge de la pâte ordinaire P.O*	134
Figure V.12	Comportement d'écrasement de la pâte PAP (évolution de la force en fonction du déplacement pour des vitesses d'écrasements différentes)	135
Figure V.13	La force en fonction de la vitesse aux différents épaisseurs de la pâte	137

Figure	Désignation	page
Figure V.15	Effet de l'âge de la pâte PAP	140
Figure V.16	Régime d'écoulement de la pâte PAP	142
Figure V.17	Régime blocage de la pâte *PAP*	143
Figure V.18	Ecrasement de l'huile de silicone comparaison résultat expérimental-théorique	144
Figure V.19	Evolution de la force d'écrasement en fonction du déplacement de la pâte aux différentes vitesses d'après le modèle Scott	144
Figure V.20	Détermination l'épaisseur de blocage en comparaison modèle-expérimental	145
Figure V.21	Zone d'ouvrabilité des pâtes P.O et PAP	146
Figure V.22	Comportement d'écrasement de la pâte diminuant 40%SP	147
Figure V.23	Comportement d'écrasement de la pâte diminuant 20%SP	148
Figure V.24	Comportement d'écrasement de la pâte augmentant 20%SP	148
Figure V.25	Comportement d'écrasement de la pâte augmentant 40%SP	149
Figure V.26	Zone d'écoulement des pâtes PAP en changeant SP (à droite des courbes c'est la partie écoulement et à gauche c'est la partie blocage)	150
Figure V.27	Comportement d'écrasement de la pâte augmentant 40%AV	152
Figure V.28	Comportement d'écrasement de la pâte diminuant 40%AV	152
Figure V.29	Comportement d'écrasement de la pâte sans AV	153
Figure V.30	Zone d'écoulement des pâtes PAP en changeant AV (à droite des courbes c'est la partie écoulement et à gauche c'est la partie blocage	153

Liste des tableaux

Tableau	Désignation	page
Tableau I.1	Classification des B.A.P. selon leur application	09
Tableau I.2	Echantillons des diverses compostions des fumées de silice dans le mortier	18
Tableau I.3	Nom des sulfates alcalins influant la rhéologie des pâtes de ciment	31
Tableau I.4	Type de formulation selon l'approche de l'INSA de Lyon, pour un B.A.P. de résistance en compression de 40MPa et incluant un agent viscosant	37
Tableau I.5	Caractéristiques nécessaires à l'obtention d'un B.A.P. de résistance en compression de 60MPa	38
Tableau I.6	Formulation d'un B.A.P. contenant des fines.	41
Tableau I.7	Formulation d'un B.A.P. contenant un agent viscosant	41
Tableau I.8	Exemple de formulation japonaise	42
Tableau I.9	Exemple de formulation canadienne	42
Tableau II.1	Critères de stabilité (GTM)	76
Tableau II.2	Caractérisation des bétons autoplaçants par les tests empiriques	78
Tableau III.1	Formulation du béton BAP	83
Tableau III.2	Formulation de la pâte référence	83
Tableau II.3	Formulation de la pâte PAP	84
Tableau III/4	Procédure de fabrication de la pâte	84
Tableau III.5	Formulation du micro béton autoplaçant	85
Tableau III.6	Paramètres rhéologique en fonction de A.V.	104
Tableau IV.1	Composition de la pâte de ciment	115
Tableau IV.2	Procédure de fabrication de la pâte	116
Tableau IV.3	Différents temps caractéristiques dans le cas de la déstructuration de la microstructure	119

INTRODUCTION GENERALE

Le béton est actuellement l'un des matériaux de construction les plus utilisés à travers le monde. La simplicité de sa fabrication et de sa mise en place, son faible prix de revient et les performances mécaniques et de durabilité qu'il assure ont légitimé son utilisation pour réaliser des ouvrages les plus divers, notamment des bâtiments, des immeubles d'habitation, des ponts, des routes, des barrages, des centrales thermiques et nucléaires, etc.

Depuis sa découverte et pendant de nombreuses décennies, ce matériau n'avait que peu évolué mais, à partir des années 1970-1980, d'importantes avancées ont été réalisées qui lui ont permis de diversifier les utilisations auxquelles il était jusque là destiné. Ainsi, les études menées sur ses constituants granulaires ont conduit à améliorer ses propriétés existantes, en particulier avec les bétons à hautes performances (BHP). D'autres familles de béton, relatives à certaines applications, ont vu ensuite le jour comme les bétons à très hautes performances (BTHP), les bétons de fibres (BFM) et les bétons de poudre réactive (BPR).

Après la recherche du gain maximum de résistance et de durabilité, une étape supplémentaire a été franchie avec les bétons autoplaçants (BAP). Plus qu'une nouvelle famille de béton, les BAP constituent davantage une nouvelle technologie de construction. Celle-ci visait en effet au départ (fin des années 1980, au Japon) à optimiser la productivité des constructions en béton. Les différents avantages technico-économiques qu'elle présente ont suscité un intérêt grandissant des industriels à travers le monde, aussi bien dans les secteurs de la préfabrication que dans ceux des centrales de béton prêt à l'emploi. D'autre part, le champ d'utilisation des BAP est très varié du point de vue de la résistance mécanique (des bétons ordinaires aux bétons à hautes performances) comme du point de vue des applications visées (des bâtiments aux ouvrages d'art). Ceci confirme l'existence des BAP en tant que bétons de structure à part entière.

Les bétons autoplaçants (BAP), développés depuis une vingtaine d'années, sont encore à l'heure actuelle qualifiés de « nouveaux bétons » car leur utilisation reste modeste bien qu'ils possèdent un fort potentiel de développement.

La spécificité des BAP par rapport aux bétons traditionnels réside dans le fait qu'ils sont extrêmement fluides et qu'ils ne nécessitent pas de vibration pour être mis en œuvre. Se compactant sous l'effet de leur propre poids, ils peuvent être coulés dans des zones très ferraillées ou dans des zones d'architecture complexe et difficilement accessibles.

La suppression de la phase de vibration présente également l'intérêt d'améliorer les conditions de travail sur site, ainsi que le confort acoustique au voisinage du chantier plus particulièrement en zone urbaine.

Bien que les connaissances sur les BAP soient suffisantes pour permettre leur utilisation, certains aspects restent à améliorer. En effet, leur composition spécifique nécessite la mise en place d'un contrôle soutenu de leur formulation, ainsi qu'un contrôle de leurs propriétés à l'état frais, avant mise en œuvre. La maîtrise de ces matériaux n'est pas encore acquise, en témoigne la diversité des études menées afin d'appréhender le comportement des BAP.

Les essais, mis au point pour caractériser le matériau à l'état frais, concernent deux propriétés essentielles et indissociables des BAP : la fluidité et l'homogénéité. Apparaissant comme contradictoires, elles sont toutes deux nécessaires pour l'obtention d'une construction finale d'une qualité esthétique indéniable, mais également conforme aux exigences techniques préconisées.

Or, en l'absence de défauts de parements (ressuage, bullage), les éventuelles pertes d'homogénéité ne sont pas décelables en surface. Elles se caractérisent par une séparation des gros granulats du fluide suspendant, ce qui est particulièrement néfaste pour les propriétés mécaniques finales de la structure. Il est donc indispensable de s'assurer en amont que l'ensemble du matériau restera stable, aussi bien lors la phase de mise en œuvre qu'après, c'est-à-dire durant la période dite « dormante » précédant la prise. Ces deux propriétés contradictoires sont obtenues par l'ajout et le dosage adéquat de superplastifiants et de fines ou l'emploi d'un agent de viscosité. Toutefois, il n'existe à l'heure actuelle que peu d'essais permettant de caractériser ce phénomène de séparation des gros granulats. De même, très peu d'études ont été menées afin de comprendre le rôle joué par les différents adjuvants (organiques et minéraux).

Cependant, malgré les aspects intéressants qu'ils proposent, en particulier à l'état frais, les BAP ne disposent pas encore du recul nécessaire et suffisant pour être acceptés par tous les maîtres d'ouvrage et maîtres d'œuvre ce qui limite encore leur diffusion.

Cette thèse s'inscrit dans cette logique et a été menée pour répondre à plusieurs questions dont certaines concernent l'évolution de propriétés rhéologique du matériau béton à l'état frais.

    Le travail que nous présentons est divisé en deux grandes parties : la première partie est essentiellement bibliographique, alors que dans la deuxième partie nous rapportons et nous discutons les résultats expérimentaux.

La démarche suivie a consisté à faire dans le premier chapitre, une synthèse bibliographique sur les bétons autoplaçants. Nous commençons par la composante importante du béton qui va influencer fortement le comportement rhéologique. Il s'agit de la suspension cimentaire. Ensuite les principales méthodes de formulation d'un béton autoplaçant sont rapportées. Nous discutons en particulier du rôle des adjuvants organiques sur les propriétés rhéologiques de la pâte de ciment et du béton.

Le deuxième chapitre présente des conceptions de base de la rhéologie avec les définitions des paramètres principaux et des types de comportement rhéologique. Contrairement à d'autres types de matériau (plastiques, boues de forage, etc.) la rhéologie dans le cas des bétons s'est pendant longtemps limité à des tests simples (étalement, affaissement, etc.). Toutefois depuis l'apparition des bétons fluides il existe un besoin fort d'études rhéologiques plus élaborées. La science de la rhéologie est ainsi une discipline relativement récente dans le domaine des bétons. Il nous a paru ainsi utile d'inclure dans cette thèse les notions de base en rhéologie.

La deuxième partie est la partie expérimentale qui se compose de trois chapitres.

Le chapitre Trois est consacré à l'étude expérimentale du comportement rhéologique de la pâte de ciment et du mortier en cisaillement simple en utilisant la géométrie de Couette. Dans ce chapitre nous nous concentrons sur les propriétés rhéologiques à l'état stationnaire. Nous montrons que le comportement des pâtes et des mortiers n'est pas monotone sur toute la gamme de taux de cisaillement utilisés. Les paramètres rhéologiques intrinsèques du matériau à savoir : (le seuil de cisaillement, l'indice de fluidité et la consistance) sont déterminés à l'état stationnaire en fonction des paramètres de la formulation (concentration en adjuvants).

Le chapitre quatre est consacré au comportement thixotropique de la pâte de ciment (dépendance du comportement rhéologique en fonction du temps). Dans ce travail nous considérons que la thixotropie concerne l'évolution des propriétés du matériau au repos suite à une sollicitation. Pour déterminer les propriétés au repos le matériau est soumis à un taux de cisaillement très faible $(0,01 s^{-1})$. Là aussi nous considérons l'influence des adjuvants organiques sur la thixotropie, en particulier l'influence de l'agent viscosifiant.

Le dernier chapitre concerne l'étude de la stabilité de la pâte par rapport à la séparation liquide-granulats. Nous montrons qu'un essai de compression simple permet de déterminer les conditions dans lesquelles on peut avoir séparation de phases.

Pour finir, on propose une **conclusion générale** dans laquelle on a fait un bilan de résultats obtenus et des différentes conclusions tirées sur les différents travaux réalisés. Nous évoquons également les difficultés rencontrées qui nécessitent des investigations supplémentaires qui font l'objet de **perspectives**.

INTRODUCTION

BIBLIOGRAPHIE

1. INTERETS TECHNIQUES ET IMPACTS SOCIAUX-ECONOMIQUES DES BETONS AUTOPLAÇANTS

Les bétons autoplaçants (B.A.P.) ont été développés au Japon à la fin des années 80. Leur origine semble provenir de la nécessité d'utiliser des matériaux de plus en plus « performants » pour palier une réduction de la qualité des constructions due à une mauvaise mise en place du matériau [1]. La mise en œuvre d'un béton traditionnel nécessite une phase de vibration afin de remplir correctement les coffrages. Cette étape conditionne la qualité de la structure finale, mais c'est également un travail pénible qui demande un savoir-faire particulier.

La solution proposée a été d'utiliser un matériau très fluide, capable de se compacter sous son propre poids, sans vibration extérieure. Ces matériaux initialement appelés Bétons Hautes performances, sont aujourd'hui connus sous le nom de bétons autoplaçants, bétons autocompactants, ou bétons autonivellants, selon les applications [1]. Ils connaissent à l'heure actuelle un essor considérable en Europe et aux Etats-Unis et prendront dans les années à venir une place de plus en plus importante. Les domaines d'application des B.A.P. sont nombreux, mais leur utilisation implique une évolution ou une adaptation des moyens et des techniques traditionnellement employées.

1.1. MISE EN ŒUVRE

La principale différence, entre un B.A.P. et un béton traditionnel, réside dans le comportement du matériau à l'état frais et donc dans sa mise en œuvre. La spécificité d'un B.A.P. est d'être extrêmement fluide. Il se compacte sous l'effet de son propre poids et ne nécessite donc pas de vibration pour être mis en place. Par ailleurs, le matériau doit être stable pour assurer l'homogénéité de la structure finale. En termes de mise en œuvre, les B.A.P. offrent des conditions plus souples que le béton traditionnel du fait de la suppression de la vibration. Un des avantages majeurs des B.A.P., que nous aborderons également dans la partie traitant de leur impact économique, est la réduction de la durée de la phase de coulage : la vidange de la benne se fait plus rapidement, l'écoulement du matériau est bien évidemment plus aisé, la phase de vibration est supprimée et l'arase supérieure est plus facile à réaliser.

La méthode traditionnelle de remplissage par le haut du coffrage peut être utilisée avec une hauteur de chute plus importante. Il convient cependant de la limiter à 5m, pour éviter des problèmes de ségrégation dus à la chute du béton dans le coffrage [2]. L'utilisation d'un tube plongeur peut être une alternative pour limiter la hauteur de chute du matériau. La fluidité des B.A.P. permet par ailleurs l'injection du matériau en pied de coffrage, même pour des éléments verticaux.

D'après les recommandations de l'AFGC [2], quel que soit le mode de remplissage retenu, il convient de limiter la longueur de cheminement horizontal dans les coffrages. Une perte d'homogénéité peut en effet se manifester lorsque ce cheminement est trop important. Ainsi, la longueur de cheminement maximale préconisée est de 10 m. (Dans certains cas, elle peut être limitée à 5 m, cf. tableau I.1).

Toujours d'après les recommandations provisoires de l'AFGC [2], les données relatives à la poussée exercée par le béton frais sur le coffrage ne sont pas suffisantes pour fixer des règles précises sur ce point. Différentes études ont été menées depuis sur le sujet. Billberg [3], déclare que lorsque les B.A.P. ont été développés, il était généralement admis qu'ils génèreraient une pression hydrostatique. Or différentes études ont montré que la pression exercée par les B.A.P. sur ces coffrages était plus faible que celle attendue, et dépendait de la vitesse de remplissage du coffrage [3, 4]. Ceci proviendrait du caractère thixotrope du matériau, c'est à dire de sa capacité de structuration au repos [5]. La pression exercée par le B.A.P. sur le coffrage dépendrait non seulement de la vitesse à laquelle il est mis en place mais également du mode de remplissage choisi. Lorsque le remplissage est effectué rapidement ou lorsqu'il est effectué en pied de coffrage, la pression latérale exercée sur le coffrage serait de l'ordre de la pression hydrostatique car le matériau n'a pas le temps de se structurer. En revanche, un remplissage plus lent et effectué par le haut du coffrage permet au matériau de se structurer [5].

Concernant la préparation des coffrages, notamment vis à vis de l'étanchéité et de l'absence de débris, les précautions à prendre sont similaires à celles pratiquées pour les bétons traditionnels [2]. Les recommandations de la F.F.B. [6] précisent cependant que l'étanchéité en pied de coffrage est essentielle et que la propreté des coffrages est à vérifier tout particulièrement. En effet, l'aspect de surface des B.A.P. étant un de leurs principaux atouts, il convient d'apporter un soin particulier à la préparation des coffrages. Ce temps de préparation supplémentaire n'est cependant pas pénalisant pour l'avancement du chantier et reste négligeable face au gain de temps apporté par la suppression de la phase de vibration. L'absence de vibration simplifie par ailleurs le calage des armatures et des réservations.

Comme pour les bétons traditionnels, il convient de vérifier les conditions atmosphériques avant coulage. En dehors de la gamme 5-25°C, des dispositions particulières sont à prendre [6, 7].

Une attention particulière doit être portée à la cure des B.A.P., c'est à dire à la protection mise en œuvre pour éviter l'évaporation, et particulièrement dans le cas d'applications horizontales. Le faible ressuage des B.A.P. les rend en effet plus sensibles au retrait plastique [2, 8]. D'une manière générale, il est recommandé d'éviter une évaporation trop importante dans les premières heures après mise en œuvre [2].

D'après les recommandations de la F.F.B. [6], comme pour tous les bétons ayant reçu un produit de cure, le ponçage ou le grenaillage est obligatoire avant la pose de tout revêtement solidaire au support. Cette préparation doit être réalisée le plus tard possible dans le cas des bétons autonivellants (applications horizontales), au minimum après 28 jours. La mise en œuvre d'un B.A.P. est plus simple que celle d'un béton traditionnel du fait de la suppression de la vibration. Certaines précautions supplémentaires sont à prendre, lors de la préparation des coffrages par exemple (propreté, étanchéité…), mais globalement les consignes restent similaires à celles définies pour les bétons traditionnels.

1.2. DOMAINE D'EMPLOI

Les caractéristiques des B.A.P. laissent entrevoir de nombreuses possibilités techniques du fait de leur grande fluidité :
- possibilité de coulage de zones fortement ferraillées,
- possibilité de coulage de zones d'architecture complexe et difficilement accessibles,
- obtention de très bonnes qualités de parement.

L'un des avantages majeurs du B.A.P. est de permettre la réalisation de parements de grande qualité. Leur composition, riche en éléments fins, permet d'obtenir une texture de surface plus fine et plus fidèle à la peau coffrante utilisée. Les aspects satinés, lisses ou très structurés recherchés par les architectes sont alors plus facilement réalisables. Des teintes homogènes et régulières peuvent être obtenues si les conditions de mise en œuvre évoquées précédemment sont respectées, notamment du point de vue de la propreté des coffrages.

Le coulage d'un béton dans une zone très fortement ferraillée menait traditionnellement à un surdimensionnement de la pièce afin de rendre accessible tout point du bétonnage. L'utilisation des B.A.P. présente des intérêts architecturaux importants puisque, sans augmenter les performances mécaniques d'une structure donnée, ils permettent l'optimisation des sections ou la réalisation d'éléments de forme complexe.

Les B.A.P. constituent donc une alternative particulièrement intéressante au béton vibré dans les différents domaines de la construction : bâtiment, ouvrages d'art, tunnels, préfabrication, réhabilitation, etc. Walraven [9] précise cependant que les B.A.P. sont souvent adoptés dans le domaine de la préfabrication grâce aux avantages et aux gains directs qu'ils présentent. Globalement, leur utilisation permet de réduire les coûts de production et, parallèlement, d'améliorer les conditions de travail et la qualité des produits finis. Leur utilisation est plus délicate sur site car les B.A.P. sont particulièrement sensibles aux variations de teneur en eau. Or, bien que la production soit contrôlée, les lots de matériaux peuvent avoir des caractéristiques légèrement différentes.

En effet, la formulation des B.A.P. est particulière : utilisation d'adjuvants et d'additions minérales. Leur sensibilité en ce qui concerne le dosage et la teneur en eau, la qualité et la régularité des composants ainsi que les conditions de malaxage, nécessite donc la mise en place d'un suivi plus important. Nous verrons que les différentes précautions à prendre sur chantier et que la composition même du matériau peuvent entraîner un surcoût. Par ailleurs, Walraven [9] rappelle à juste titre que la réglementation n'est pas encore adaptée au cas des B.A.P.. En effet, la norme NF EN 206 ne définit que cinq classes de consistance (ferme → fluide). Actuellement, tous les B.A.P. sont donc regroupés dans la classe 5 (fluide).

L'expérience acquise aux Pays-Bas a permis d'étendre la classification en fonction des différences existant entre les B.A.P. et de déterminer différents domaines d'emploi, selon leurs propriétés, comme le montre la figure I.1 :

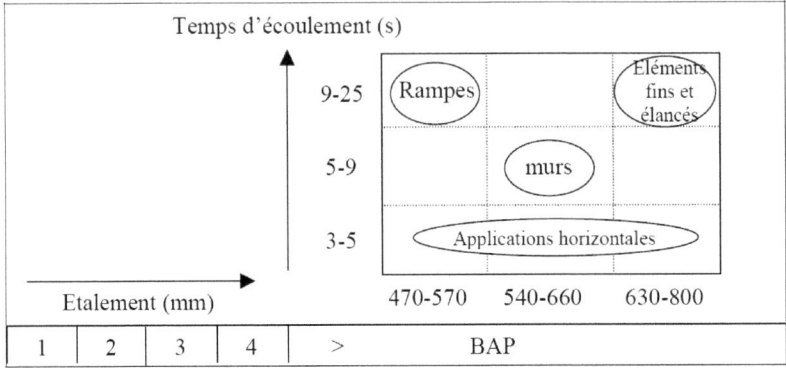

Figure I.1 : Domaines de classification des bétons étendus au cas des B.A.P. [9].

Les mesures d'étalement et de temps de d'écoulement sont respectivement réalisés au cône d'Abrams et au V-funnel. Ces essais seront décrits ultérieurement.

De la même manière, en France, les B.A.P. seront dorénavant classés selon trois catégories suivant leur domaine d'application. Le classement s'effectue selon leur intervalle d'écoulement (tenant compte de la géométrie du coffrage et de la disposition des armatures), le type d'application, et l'épaisseur de la structure dans le cas d'une application horizontale [7].

Tableau I.1 : classification des B.A.P. selon leur application [7]

Intervalle d'écoulement (mm)	Application horizontale		Application verticale
	Epaisseur ≤ 300 mm	Epaisseur > 300 mm	
I ≥ 100	1	2	2
80 ≤ I ≤ 100	2	2	3
I < 80	3	3	3

Les classes 2 et 3 contiennent deux sous-classes en fonction de la longueur maximale de cheminement horizontal du B.A.P. : 5m pour les classes 2a et 3a, 10 m pour les classes 2b et 3b.

Les chantiers, où la solution B.A.P. a été retenue, montrent l'intérêt de ces bétons. Les motivations de ce choix les plus couramment rencontrées sont la facilité de mise en oeuvre, la réduction des délais et la qualité des parements [10]. On peut citer quelques ouvrages réalisés en B.A.P. [10] :

• Les voiles de 16 m de hauteur sur 30 cm d'épaisseur de la salle principale du cinéma mk2 Bibliothèque, à Paris

• Les massifs d'éoliennes à Plougras (22), comportant une densité d'armature importante. Le barrage Belbezet (34), nécessitant une consolidation des parois rocheuses et l'obstruction de cavités.

En terme de résistances mécaniques, des B.A.P. « ordinaires » aussi bien que des B.A.P. « Hautes Performances » peuvent être mis au point [11].

Les B.A.P. constituent une véritable alternative au béton traditionnel. Bien que leur formulation et leur contrôle, lors de la mise en œuvre, nécessitent une attention particulière, différents exemples ont mis en évidence les possibilités techniques qu'ils offrent. Outre le fait qu'ils couvrent la gamme des propriétés mécaniques usuelles, les qualités esthétiques des parements obtenus devraient rapidement séduire les maîtres d'ouvrage. Les caractéristiques techniques des B.A.P. ont par ailleurs une implication directe du point de vue économique mais aussi social.

1.3. IMPACT SOCIO-ECONOMIQUE

Nous avons vu que la fluidité des B.A.P. est telle qu'il n'est plus nécessaire de les vibrer pour les mettre en œuvre. La suppression de la phase de vibration est particulièrement bénéfique pour les personnes chargées de la mise en place, puisque cela implique :

- une diminution du bruit sur site
- une diminution de la pénibilité des tâches
- une réduction des risques d'accident

En effet, le bruit engendré pendant la phase de vibration est particulièrement désagréable puisqu'il est d'une intensité élevée sur des périodes relativement longues. Dans le cas des usines de préfabrication, où la réverbération du bruit sur les parois peut augmenter le niveau sonore de manière très importante, toutes les personnes présentes dans l'atelier sont concernées par la réduction du niveau sonore ambiant. Cette réduction des nuisances sonores peut éventuellement permettre une meilleure implantation des usines dans leur environnement, puisqu'il est plus facile de respecter les réglementations en matière d'insonorisation. Dans le cas d'un chantier en extérieur, ce sont principalement les personnes chargées de la mise en place et de la vibration qui bénéficient de la réduction du bruit, mais également les riverains lorsqu'il s'agit d'un site urbain. Malgré l'utilisation de procédés de construction de plus en plus mécanisés, les efforts physiques auxquels sont soumis les ouvriers restent pénibles. Avec l'apparition des B.A.P., les opérations traditionnelles de coulage, d'étalement, de talochage et de surfaçage se réduisent à une étape de coulage suivie d'un débullage dans le cas des applications horizontales. Pour les opérations verticales, les divers déplacements sur les banches, à travers trappes et échelles, sont réduits de manière significative. De plus, le fait de vibrer le béton peut avoir de graves répercussions sur la santé et peut notamment provoquer des troubles de la circulation sanguine (maladie des « mains blanches »).

Par ailleurs, les B.A.P. sont mis en place par des opérations simplifiées donc par des agents plus rapidement formés. Ils peuvent donc se concentrer sur la préparation des coffrages sans avoir à assimiler ou mettre en pratique les recommandations sur la vibration. Mais compte tenu des objectifs exigeants des B.A.P., les techniciens du béton (formulateurs, agents de laboratoires et responsables de chantier) sont plus sollicités sur leurs connaissances des matériaux. Ils doivent donc se familiariser avec ces nouvelles formules de béton, les constituants utilisés, mais aussi avec les matériels et procédures nécessaires à leur préparation [12].

L'utilisation d'un B.A.P. peut s'avérer plus économique que celle d'un béton ordinaire, et ce malgré un surcoût de formulation. Ce surcoût est principalement lié à l'adjuvantation puisque la fluidité doit être instantanée, mais également se maintenir dans le temps, dans le cas où les lieux de fabrication et de coulage ne seraient pas les mêmes. Cependant, ces frais supplémentaires peuvent rapidement être compensés par la diminution des coûts de main d'œuvre (réduction du nombre d'intervenants pendant la mise en place du béton), du temps de coulage, des délais de fabrication, etc. Les B.A.P. montrent en effet tout leur potentiel lorsque le chantier est considéré dans son ensemble, frais directs et indirects, donc par « l'approche globale » suggérée par Malier [13]. Même si l'utilisation des B.A.P. nécessite certaines précautions en matière de formulation ou de préparation du matériel, l'évaluation de leurs avantages techniques mais également socioéconomiques montre que ces bétons devraient être de plus en plus utilisés à l'avenir.

2. FORMULATIONS DES B.A.P.

2.1. INTRODUCTION

Par définition, un béton autoplaçant (B.A.P.) est un béton très fluide, homogène et stable, qui se met en place par gravitation et sans vibration. Il ne doit pas subir de ségrégation et doit présenter des qualités comparables à celles d'un béton vibré classique. Le terme de béton autonivelant peut aussi être utilisé mais il concerne plutôt des applications horizontales (dallage par exemple).

Ces bétons présentent plusieurs propriétés qui justifient l'intérêt nouveau que leur portent les industriels [14] :

- Absence de vibration qui réduit les nuisances sonores,
- Bétonnage de zones fortement ferraillées et à géométrie complexe,
- Pénibilité du travail moindre,
- Réduction du coût de la main d'œuvre, durée de construction plus courte.

Cependant, ces avantages s'accompagnent fatalement de certains inconvénients :
- Augmentation du coût des matières premières (additions, adjuvants),
- Modifications des outils de fabrication (outils de mise en place).

Plusieurs approches de formulation des B.A.P. ont été élaborées (voir chapitre 'Mix Design' du colloque Pro 7 SCC RILEM 99) à travers le monde (approche japonaise, approche suédoise, approche du LCPC, etc.) pour répondre aux exigences d'ouvrabilité de ce type de béton.

Deux grandes familles prévalent actuellement :
- la première [15] concerne des formulations fortement dosées en ciment et contenant une proportion d'eau réduite. La quantité de ciment très importante (450 à 600 kg/m^3) est nécessaire pour augmenter le volume de pâte afin d'améliorer la déformabilité du mortier. Ce volume important de pâte limite par conséquent les interactions inter-granulats (dont la quantité est parallèlement diminuée) et l'utilisation d'adjuvants tels que les superplastifiants et les agents de viscosité permettent d'en contrôler la fluidité et la viscosité. Cette approche de formulation conduit toutefois à des bétons de hautes performances mécaniques, onéreux et mal adaptés à des ouvrages courants.
- une deuxième famille de formulations repose sur le remplacement d'une partie du ciment par des fines minérales [16]. Ces additions, comme les fillers calcaires par exemple, permettent d'obtenir un squelette granulaire plus compact et plus homogène. La quantité d'adjuvant nécessaire à l'obtention d'une fluidité et d'une viscosité données est alors diminuée. Leur utilisation conduit également à conserver des résistances mécaniques et des chaleurs d'hydratation raisonnables.

2.2. CAHIER DE CHARGE MINIMUM A L'ETAT FRAIS

Plusieurs spécificités de composition des B.A.P. découlent de ces diverses approches.
- Un B.A.P. doit s'écouler naturellement sous son poids propre (avec un débit suffisant), c'est à dire avoir un étalement et une vitesse d'étalement importants.

- Un B.A.P. doit aussi pouvoir remplir, sans vibration, des zones confinées et une grande fluidité du béton peut ne pas être suffisante pour cela. En effet, lors de son écoulement au droit d'un obstacle, les gravillons cisaillent le mortier et ont tendance à entrer en contact les uns avec les autres si ce dernier ne résiste pas suffisamment au cisaillement (figure I.2). Ainsi, des arches peuvent se former et interrompre l'écoulement par colmatage. Pour éviter ceci, il est nécessaire qu'un B.A.P. ait une bonne résistance à la ségrégation en phase d'écoulement en zone confinée.

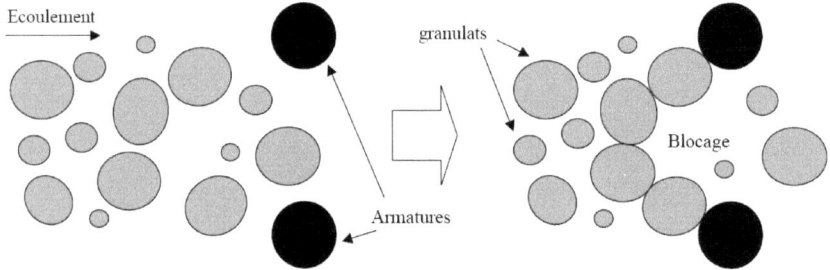

Figure I.2 : Phénomène de blocage des granulats en présence d'un obstacle [17]

- Un B.A.P. doit présenter une bonne résistance à la ségrégation statique jusqu'à la prise du béton, pour des raisons évidentes d'homogénéité de ses propriétés mécaniques.
- De plus, le ressuage d'un B.A.P. ne doit pas être trop fort car ceci peut générer une chute d'adhérence des armatures en partie supérieure des levées, par rapport à celles situées en zone inférieure lors du coulage, ainsi que l'apparition de fissures [19].

En résumé, le principal problème dans la formulation d'un B.A.P. est concilier des propriétés a priori contradictoires comme la fluidité et la résistance à la ségrégation et au ressuage du béton.

2.3. PARTICULARITE DE LA COMPOSITION DES B.A.P.

Malgré les différentes méthodes de formulation existantes, certaines caractéristiques demeurent intrinsèques aux B.A.P. mais peuvent légèrement différer d'une approche à l'autre.

2.3.1. Un volume de pâte élevé

Les frottements entre granulats sont source de limitations vis-à-vis de l'étalement et de la capacité au remplissage des bétons. Le rôle de la pâte (ciment + additions + eau efficace + air) étant précisément d'écarter les granulats, son volume dans les B.A.P. est donc élevé (330 à 400 l/m^3).

2.3.2. Une quantité de fines (Ø < 80 µm) importante

Les compositions de B.A.P. comportent une grande quantité de fines (environ 500 kg/m^3) pour limiter les risques de ressuage et de ségrégation. Toutefois, le liant est fréquemment un mélange de deux, voire trois constituants, pour éviter des chaleurs d'hydratation trop grandes (et un coût de formule trop élevé).

Ce sont les exigences de résistance à la compression, les critères de durabilité (DTU 21, normes XP P 18-305 ou EN 206, etc.) et les paramètres d'ouvrabilité (fluidité) qui déterminent le choix de ces additions (cendre volante, laitier de haut fourneau, filler calcaire, etc., le filler calcaire étant l'une des additions fréquemment rencontrées dans les formulations de B.A.P.) et leur proportion respective.

L'introduction d'additions minérales entraîne une modification de la porosité de la matrice cimentaire et influence les caractéristiques mécaniques et autoplaçantes du béton (I.ure 3) [20].

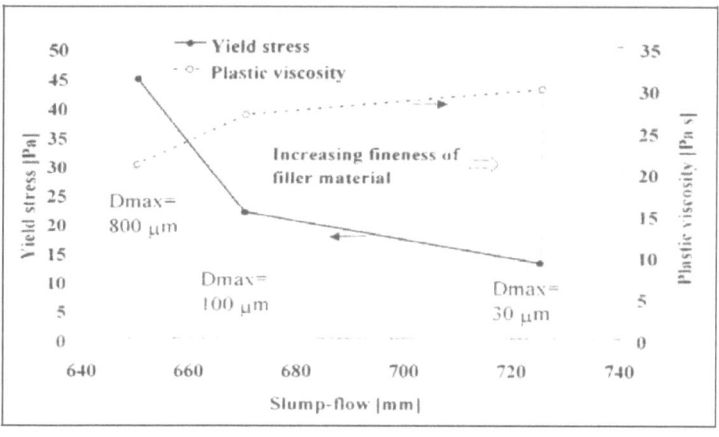

Figure I.3 : Influence de la finesse d'un filler sur le comportement rhéologique d'un béton [20]

2.3.2.1. Les ajouts minéraux (ou fillers)

2.3.2.2. Généralités

Les fillers sont des produits de dimension granulaire inférieures à 80µm, obtenus par broyage fin, récupération des déchets des centrales thermiques ou pulvérisation de certaines roches (calcaire, silice, etc.).

Les particules ultrafines, de granularités inférieures à celle du ciment, ont une action à la fois physique (effet granulométrique où les grains s'insèrent entre ceux du ciment diminuant le dosage en eau, accroissement de la maniabilité, diminution de la perméabilité et de la capillarité, réduction de la fissuration) et chimique (pour les particules siliceuses un effet pouzzolanique par l'association de la silice et de la chaux libérée par le ciment).

Le béton autoplaçant requiert souvent pour l'amélioration des ses propriétés rhéologiques, l'addition de particules fines inertes ou réactives, qui régulent aussi la quantité de ciment dans la formulation et réduisent ainsi la chaleur d'hydratation cause d'un fort retrait endogène.

On peut citer :

- les fillers typiques : le filler calcaire, la cendre volante, les laitiers de hauts fourneaux, la fumée de silice, les produits de broyage (filler silico-calcaire).

- les produits fins de recyclage : le filler de verre moulu obtenu par moulage de verres recyclés et contenant des particules inférieures au 0,1mm et dont la surface spécifique doit être supérieure à 2500cm^2/g pour éviter la réaction alcali-silice.

- les piments semi-inertes : la convenance de leur usage dans le béton autoplaçant est établie dans la norme EN 12878.

Des fibres peuvent être utilisées :

• les fibres métalliques augmentent la résistance en flexion et la ductilité ;

• et les fibres polymères réduisent la ségrégation et le retrait plastique, et augmentent la résistance au feu.

2.3.2.3. Les fillers calcaires

Ils sont élaborés à partir de matériaux calcaires, de dolomites ou de calcites finement écrasés. Ce sont de bons correcteurs de courbes granulométriques utilisés aussi pour augmenter la quantité de fines. La taille dans une gamme inférieure à 0,125mm sera un très grand avantage.

Il est à noter que la dolomite peut présenter des problèmes de durabilité à cause de la réaction alcali - carbonate.

Le filler calcaire intervient dans la rhéologie des pâtes de ciment par sa granularité et sa réactivité chimique. Il forme avec la pâte de ciment une liaison qui améliore les résistances mécaniques par comparaison à l'effet d'un filler inerte comme le quartz. Cette liaison peut être renforcée par l'utilisation de fillers mixtes (calcaire + silice réactive) ou de rapports eau/ciment plus faibles.

2.3.2.4. La fumée de silice

Les fumées de silice sont des poudres de silice extrêmement fines (inférieurs au 1μm). Ce sont des sous-produits de fabrication du silicium et de ses alliages. Suivant la composition des alliages, des produits secondaires ajoutés aux ingrédients principaux, la méthode de fabrication, etc., les propriétés des fumées de silice sont assez diverses.

Conformes à la norme EN 13263, elles fournissent de très bonnes propriétés aussi bien au niveau de la rhéologie qu'au niveau des propriétés mécaniques et chimiques, tout en améliorant la durabilité du béton.

Pour s'assurer du maintien de pH suffisamment basique, il est nécessaire de limiter le dosage en fumée de silice à 10%.

De Larrard a cherché à quantifier les performances « rhéologiques » et pouzzolaniques des fumées suffisamment riches en silice (%SiO_2 >85%). Il a comparé les compositions optimales en mélange binaire ciment/ultrafine, respectivement pour la fumée de silice, l'ultrafine calcaire et l'ultrafine siliceuse. La très grande finesse de la fumée de silice, combinée à son activité pouzzolanique tient la place loin devant les autres produits de broyage (calcaire et ultrafine siliceuse). L'ultrafine siliceuse montre aussi une certaine activité chimique malgré son caractère initialement cristallin, d'où la supériorité par rapport au calcaire, malgré une efficacité moindre du seul point de vue de l'effet filler.

De Larrard montre qu'il est possible de réduire le dosage en ciment d'un béton à hautes performances d'environ 34% sans modifier la résistance, en substituant au ciment une fine quasi-inerte, et en ajoutant une faible quantité de fumée de silice. Ce type de matériau présenterait alors une moindre chaleur d'hydratation, ainsi qu'un meilleur maintien de maniabilité.

Le rapport eau/ciment est stable pour des dosages de fumée de silice variant entre 5 et 20%. D'après Traetteberg (1978) [34], l'activité pouzzolanique de la fumée de silice devient optimale à partir de 24% en dosage, quantité au-delà de laquelle toute la chaux libérée par le ciment est consommée. Mais c'est aussi à partir de ce dosage-clé que l'efficacité granulaire de la fumée de silice diminue. Le dosage optimal pour l'obtention de hautes résistances se situerait donc aux alentours de 20 à 25%, proportions liées au meilleur remplissage. L'ultrafine remplit au mieux les interstices des grains de ciment, avec lesquels elle peut par la suite se combiner pour former des hydrates participant à la résistance mécanique.

Cependant, on constate que le gain mécanique est plus rapide aux faibles dosages ; compte tenu du coût de la fumée de silice et de l'adjuvant, et de la durabilité du béton (passivité des armatures d'acier), l'optimum économique se situerait plutôt aux alentours de 10%, limite donnée par la réglementation du fait du fort retrait (et fluage) induit par la réaction pouzzolanique.

Tableau. I.2:Echantillons des diverses compostions des fumées de silice dans le mortier [De Larrard 2000].

Fumées de silice		1	2	3
Surfaces spécifiques (m²/g)		14,2	21,6	22,2
Compositions chimiques	SiO_2	91,50%	88,75%	97,35%
	Al_2O_3	5,78%	0,08%	0,03%
	Fe_2O	0,16%	1,60%	0,12%
	MgO	0,03%	1,48%	0,19%
	CaO	0,8%	0,66%	0,10%
	Na_2O	0,12%	0,71%	0,12%
	K_2O	0,08%	2,41%	0,23%
	ZrO_2	1,10%	--	--
	alcalins	0,20%	3,12%	0,35%
	carbone	--	1,59%	1,06%
temps d'écoulement (sec)		2	7,5	5
Résistance en compression		113 MPa	87 MPa	101 MPa

C'est la silice la plus grossière, celle de l'échantillon n°1 (tableau I.2), qui donne les meilleures performances. En effet, pour des particules de fumée de silice à surface spécifique très fine, les interactions granulaires avec le ciment (supérieur au micron) sont très faibles.

Ceci induit un phénomène d'agrégation ou d'« instabilité granulaire » de ce filler dans la pâte de ciment.

D'autre part, la fumée de silice la moins pure, contenant du zirconium ZrO_2, donne les meilleures résistances et la meilleure maniabilité. Or, Osbeack et al. ont trouvé que les fumées de silice contenant 50 à 60% de SiO_2 seulement, ont des qualités pouzzolaniques nettement plus faibles, et la résistance mécanique est moins sensible à d'éventuelles fluctuations du dosage en silice, lors des ajouts de 20% d'ultrafines.

C'est le dosage en carbone (figure I.4), correspondant à la couleur plus ou moins foncée des fumées de silice qui est fortement lié aux performances rhéologiques. On peut extraire le carbone par un traitement thermique à 600°C. La fumée est alors blanche mais ce traitement a un coût non négligeable.

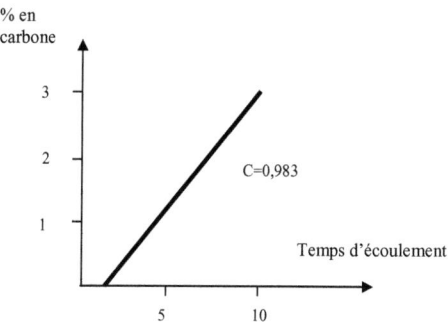

Figure I.4: Relation entre dosage en carbone et maniabilité [De Larrard, 1986].

La figure I.4 montre que le temps d'écoulement est fortement influencé par la teneur en carbone. Plus la quantité de carbone est élevée dans la composition de la fumée de silice, moins la maniabilité sera grande. Il existe une relation linéaire entre dosage en carbone et maniabilité avec un coefficient de pente de 0,983.

La figure I.5 ci-dessous montre encore pour l'échantillon n°2, l'importance significative du paramètre chimique qu'est le dosage en alcalins, sur les performances pouzzolaniques.

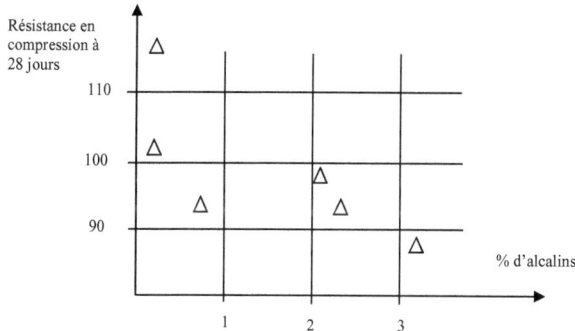

Figure I.5 : Relation entre résistance et dosage en alcalins [De Larrard, 1986].

D'après les résultats de De Larrard, il est bien visible que les propriétés liantes des fumées riches en silice (SiO_2>85%) semblent dépendre d'abord de la teneur en alcalins (Na_2O, K_2O) qui doit être aussi faible que possible pour éviter une diminution de la résistance du matériau.

2.3.2.5. Cendres volantes

Les cendres volantes sont conformes à la norme EN 450. Ce sont des produits pulvérulents de grande finesse résultant de la combustion, en centrale thermique, de minéraux solides.

C'est un matériau inorganique fin qui a des propriétés pouzzolaniques à long terme. La cendre volante silico-alumineuse (classe F) est principalement vitreuse. Elle peut contenir des phases cristallisées comme le quartz, la mullite, la gehlénite, des spinelles. Pouzzolanique, elle met du temps à réagir. Sa combinaison avec la chaux libérée par l'hydratation du ciment commence à 28 jours. Ainsi, l'ajout de cendre volante réduit le risque de fissuration due à l'élévation de température lors de l'hydratation du ciment.

Plusieurs recherches ont montré que l'usage de cendre volante dans les B.A.P. améliore les propriétés rhéologiques et donc réduit le dosage en superplastifiant utile à l'obtention d'un étalement similaire à celui d'un B.A.P. sans ajouts.

Lee et al. [21] rapportent que le remplacement de 30% de ciment par de la cendre volante résulte en d'excellentes ouvrabilités et fluidités. Certains auteurs ont montré que la quantité de remplacement du ciment ne doit pas excéder 30% pour la cendre volante. Dans les années 80 au Canada, CANMET conçu un béton incorporant 55-60% de cendre volante ultra fine en complément du ciment, de la classe F d'Alberta et qui développait d'excellentes propriétés mécaniques et de durabilité.

L'augmentation du pourcentage en cendre volante n'influence pas significativement la correction du ressuage.

2.3.2.6. Laitiers de hauts fourneaux

C'est un résidu minéral de la préparation de la fonte dans les hauts fourneaux à partir du minerai et du coke métallurgique. Il contient de la chaux (45 à 50%), de la silice (25 à 30%), de l'alumine (15 à 20%) et 10% environ de magnésie. Trempé à l'air ou à l'eau, le laitier est principalement vitreux. Il est broyé et ajouté en proportions variables au clinker. Conformes à la norme EBS 6699, le laitier peut non seulement améliorer les propriétés rhéologiques mais aussi augmenter significativement les performances mécaniques et la durabilité à long terme du béton.

2.3.3. L'emploi de superplastifiants

La fluidité des B.A.P. est obtenue en ajoutant des superplastifiants. Ces fluidifiants sont identiques à ceux employés pour les autres types de béton, à savoir des polymères de type polycarboxylate, polyacrylate/polyacrylate ester acrylique. Cette adjuvantation ne doit pas être trop élevée (proche du dosage de saturation) sous peine d'augmenter la sensibilité du béton à des variations de teneur en eau vis-à-vis du problème de la ségrégation et du ressuage.

Les superplastifiants interagissent avec les particules du ciment et des fines en s'adsorbant à leur surface pour diminuer le phénomène de floculation au contact de l'eau. Ainsi, les particules sont dispersées par combinaison d'effets électrostatiques et stériques et la proportion d'eau libre est plus importante [21].

2.3.3.1. Mode d'action des superplastifiants

Les adjuvants organiques ((super)réducteurs d'eau ou (super)plastifiants) sont des molécules polaires qui présentent une extrémité fortement chargée, qui vient neutraliser un site opposé sur les grains de ciment.

Généralement, les grains de ciment anhydres sont chargés électriquement à leur surface, du fait de la rupture de liaisons électriques entre les cations et les anions pendant le broyage [22]. Il est observé que les grains de ciment anhydres sont plus chargés négativement que positivement à la sortie des broyeurs. Il existe une certaine cohésion entre les grains de ciment qui les maintient « collés » les uns aux autres formants des flocs. Cette cohésion est associée à des phénomènes d'attraction électrique entre plages de signes différents à la surface des grains ainsi qu'à des forces moins spécifiques dites de Van der Waals.

Les polymères viennent alors s'adsorber sur les surfaces chargées et dispersent les flocs de ciment. Le défloculant ajouté en quantité non négligeable libère les particules de ciment entre elles en cassant les forces capillaires dans le cas de formation de ménisques d'eau ou les forces électrostatiques de Van der Waals dans le cas de flocs formés à partir des charges électriques des particules de ciment.

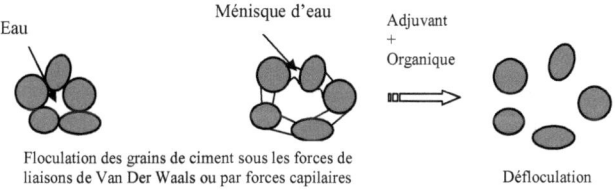

Figure I.6 : Défloculation des grains de ciment par l'adjuvant organique.

Celui-ci permet ainsi de supprimer un volume important d'eau non mobilisée par l'hydratation du ciment. Les rapports E/C passent de 0,5 à 0,35, soit une réduction de la teneur en eau de plus de 30% voire plus selon le polymère.

Les adjuvants organiques sont donc des réducteurs d'eau. Ces derniers peuvent être de nature anionique, cationique ou même non ionique (Figure I.7). Si le réducteur n'est pas ionique, il agit comme des dipôles qui viennent se fixer sur les grains de ciment.

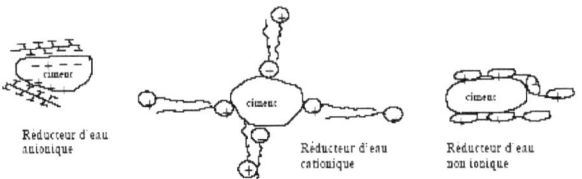

Figure I.7 : Mode d'action des réducteurs d'eau sur le ciment.

Nous rappelons que la surface des grains de ciment présente des plages de charges positives et négatives.

L'efficacité de la dispersion dépend de la fonctionnalité du polyélectrolyte, de sa masse moléculaire moyenne, de sa polydispersité, de l'épaisseur de la couche adsorbée et de sa densité de charge [23].

En présence d'adjuvant organique, la réactivité est améliorée et la résistance à court terme est plus élevée que pour un béton ordinaire. Ceci est dû d'une part à l'élimination de l'eau en excès suivie de la diminution de la porosité capillaire et d'autre part de la libération de surface des particules de ciment qui seront plus sujettes à l'hydratation. Un dosage en excès d'adjuvant organique dans le béton fait apparaître des phénomènes secondaires néfastes tels que l'entraînement de grosses bulles d'air (par la présence de surfactants) ou la ségrégation des particules de ciment du fait qu'il n'y a plus de forces électrostatiques qui les maintient.

2.3.3.2. L'effet électrostatique au voisinage de la particule de ciment

Pour un ciment anhydre, on considère qu'au voisinage de la surface, il existe une première couche, appelée couche compacte ou de Stern, dans laquelle les ions sont liés à la surface. Ces liaisons sont suffisamment fortes pour ne pas être affectées par le mouvement Brownien. Dès que le ciment et l'eau sont mélangés, les produits les plus solubles passent très rapidement en solution [24]. Ainsi la phase aqueuse est pratiquement saturée en ions Ca_{2+}, Na_+, K_+, SO_4 et OH_- ainsi qu'en ions provenant de la dissociation de l'eau en ions H_9O_{4+} et H_7O_{4-}. Ces éléments se répartissent en une couche étendue appelée couche diffuse (du fait de l'agitation thermique) de Gouy-Chapmann. C'est la seconde couche dans la région allant de la couche de Stern à la solution interstitielle. A l'extérieur de la couche de Stern, le potentiel continue à décroître, mais de manière non-linéaire.

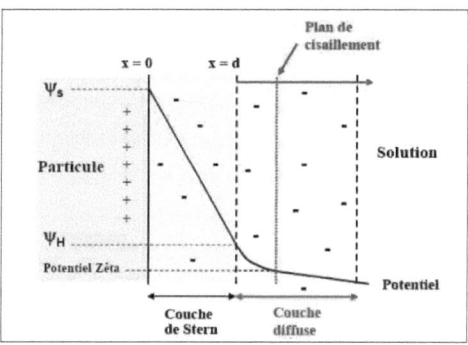

Figure I.8 : Double couche de Gouy et Chapman. ϕs est le potentiel à la surface de la particule et ϕH est le potentiel du plan où la couche diffuse commence (également appelé plan de Helmholtz extérieur [Hunter, 2002]).

La libération des ions au sein de la solution crée ainsi des charges à la surface des particules. Une répulsion ou une attraction peut alors se produire en fonction des charges générées. Les ions se trouvant dans cette zone sont affectés par la charge de surface de la particule ainsi que par le mouvement Brownien.

2.3.3.3. La corrélation ionique

Des travaux ont été effectués par Pellenq et van Damme sur la cohésion du ciment. Ils ont trouvé que la cohésion entre cristallites du ciment hydraté (C-S-H) ne peut pas être expliquée par la DLVO qui met en jeu les forces de Van der Waals (attractif), de double couche (répulsif) et de cœur dur (répulsif) uniquement. Le phénomène est plus complexe, il considère les diverses configurations ioniques tels que les corrélations ions-ions et les fluctuations locales du potentiel dues aux distributions et concentrations ioniques dépendant de l'état de surface des cristallites et du mouvement des ions dans l'eau résiduelle (non liée au C-S-H). La cohésion intra-cristallite est donc due aux forces de corrélation ionique, alors que la cohésion intra-cristallites au contact entre cristaux de C-S-H par exemple est due aux forces électrostatiques [25].

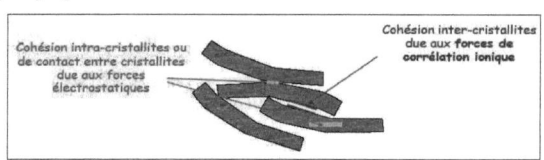

Figure I.9 : La « bonne » image de la cohésion du ciment.

Les forces attractives de van der Waals et les forces électrostatiques répulsives ne sont donc pas les seules forces à prendre en compte dans nos suspensions. Aux forces de solvatation nous devons aussi ajouter les forces stériques (par ajout de polymère), hydrophobes, de corrélation d'ions [26], etc. Ces forces sont importantes car elles permettent le contrôle de la stabilité des suspensions pour lesquelles il est difficile de jouer sur la concentration en ions (Ca_{2+}, Na_+, Mg_{2+}, etc.) : ce qui est bien le cas des pâtes cimentaires.

2.3.3.4. Quelques adjuvants organiques

2.3.2.6.1. Les lignosulfonates

Les premiers adjuvants organiques sont apparus en 1932 avec les lignosulfonates. Ce sont des polyélectrolytes qui dispersent la suspension par effet purement électrostatique.

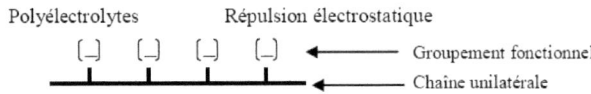

Figure I.10 : schéma général de la molécule des polyélectrolytes.

Les lignosulfonates ont été abandonnés du fait d'un fort entraînement d'air qu'il introduit dans le béton, augmentant ainsi sa porosité. Pourtant, ces très grands entraîneurs d'air sont encore utilisés pour l'élaboration de bétons auto-plaçants en Norvège par Wallevik. En effet, les bulles d'air ont l'avantage de contribuer à la diminution du phénomène de ségrégation, aidant ainsi à la bonne ouvrabilité du béton et à la résistance gel-dégel.

2.3.2.6.2. Les polynaphtalènes sulfonates (PNS) et polymélamines sulfonates (PMS)

Pendant plus de trente ans, l'industrie du béton s'est satisfaite de ces réducteurs d'eau jusqu'à ce que les Japonais et les Allemands mettent sur le marché des produits de synthèse aux propriétés dispersantes beaucoup plus efficaces que les lignosulfonates de l'époque. Ces nouveaux produits développés en 1940 sont les sels sulfoniques de condensé de formaldéhyde et de naphtalène (produit japonais) PNS ou de mélamine (produit allemand) PMS. Ils ont été commercialisés sous divers noms : superplastifiants, superréducteurs d'eau, fluidifiants, etc. Ce sont aussi des polyélectrolytes qui dispersent la suspension par effet purement électrostatique.

Leur représentation schématique est la suivante :

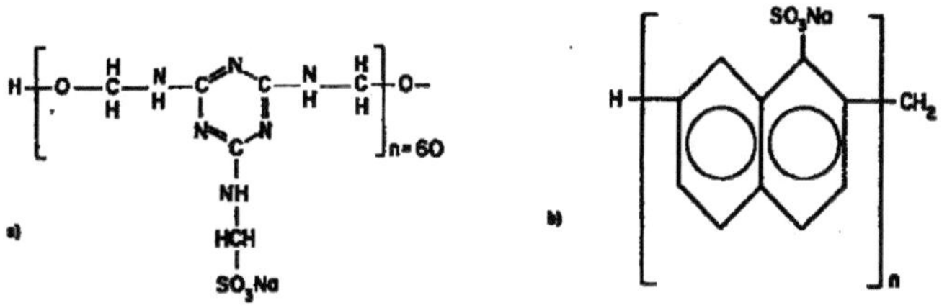

Figure I.11 : Représentation schématique des polymères :

a) polycondensé de formaldéhyde et de mélamine sulfonate PMS

b) polycondensé de formaldéhyde et de naphtalène sulfonate PNS [Hasni 99].

H peut être remplacé aussi par un groupe alkyle.

Ce sont des polymères anioniques avec des groupes sulfonates SO_3- à intervalles réguliers.

2.3.2.6.3. Les polycarboxylates

En 1980, l'apparition des PolyCarboxylates nommés PC est une grande évolution des super réducteurs d'eau. Ils sont formés d'une combinaison de polymères dont le mécanisme de dispersion se fait par une répulsion combinée électrostatique et stérique.

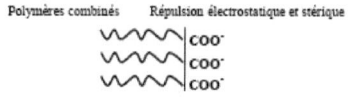

Figure I.12 : Schéma général des co-polymères.

Le groupement fonctionnel est formé d'acides méthacryliques ou acryliques avec un groupe actif anionique COO- (plus efficaces par rapport aux sulfonates), et qui a été partiellement estérifié avec plusieurs chaînes latérales de PolyOxyde d'Ethylène (notées PEO)

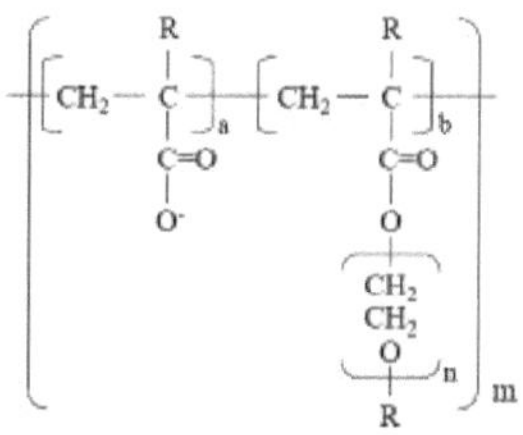

Figure I.13 : Représentation schématique de la formule de polycarboxylate (PC) [Hasni 99].

R représente H ou un groupe alkyle.

La répulsion stérique est due aux chaînes de PEO qui permettent une plus forte dispersion des particules de ciment.

Flatt [27] montre le décalage des forces interparticulaires lorsque les particules se repoussent par l'action du co-polymère.

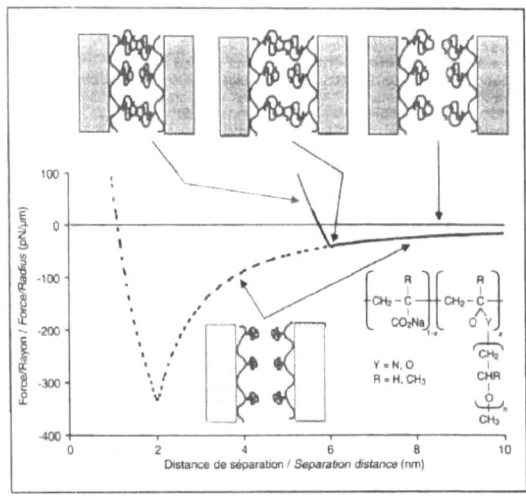

Figure I.14 : Représentation schématique de la force entre deux surfaces avec des copolymères en peigne adsorbés en fonction de la distance de séparation [Flatt 2004].

La répulsion stérique empêche les interactions de van der Waals de développer une force d'attraction (valeurs négatives) entre les particules. Cette distance interparticulaire est supérieure à celle qui serait obtenue avec une répulsion électrostatique uniquement.

La partie supérieure du schéma montre (de droite à gauche) la surface avant, au début et pendant le chevauchement des couches adsorbées, conduisant à une interruption du développement des forces de van der Waals grâce à la répulsion stérique. La ligne en pointillés représente une couche plus fine qui est indiquée avant le chevauchement couche sur couche dans la partie inférieure de l'illustration. La formule en bas à droite donne la formulation générique de ce type de co-polymère en peigne.

Un schéma de description des forces [28] mises en jeu entre particules de ciment (ici représenté comme chargé positivement) se trouve à la figure I.15. Les forces stériques agissent surtout au niveau des couches de Stern alors que les forces électrostatiques agissent au niveau des couches d'adsorption.

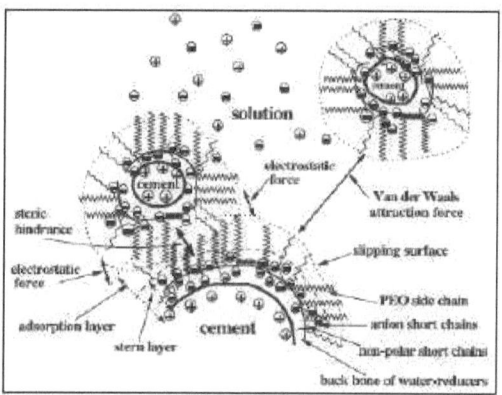

Figure I.15 : Schéma des forces exercées entre un ensemble de particules de ciment sur lesquels sont adsorbés des copolymères de polycarboxylates avec des chaînes PEO [Li, 2004].

Les forces d'attraction de Van der Waals ont toujours lieu même lorsque les particules de ciment avec le polymère adsorbé sont relativement assez éloignées.

2.3.2.6.4. Les phosphonates éthoxylés

En 1990, apparurent les Phosphonates Ethoxylés ou Di-Phosphonates Ethoxylés nommés aussi DPE et formés par une unique chaîne d'oxyde d'éthylène avec respectivement un groupement fonctionnel PO_3

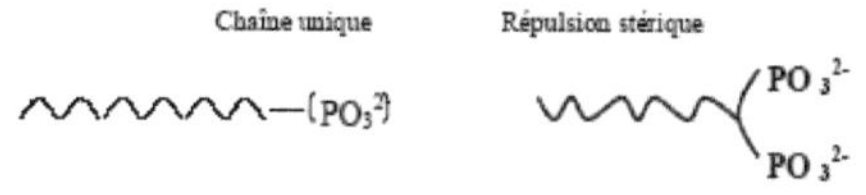

Figure I.16 : Schéma général des phosphonates (gauche) et des di-phosphonates (droite).

Ce sont des polymères qui agissent en grande partie par répulsion stérique. Ils sont connus spécialement pour provoquer une répulsion stérique entre les particules de ciment, en réduisant leur agglomération et en permettant une maniabilité élevée du béton frais avant la prise.

2.3.2.6.5. La consommation des superplastifiants

La majorité des chercheurs semble s'accorder à penser que les molécules de fluidifiant s'adsorbent préférentiellement et solidement sur les aluminates et silicates bi et tricalciques, respectivement C_3A, C_4AF, et C_2S (le moins réactif vis-à-vis de l'hydratation à court terme) et C_3S, pour en contrôler très efficacement l'hydratation et même la retarder de façon appréciable [30,31]. La quantité de superplastifiant adsorbée sur les C_3A est abondante dès les premières secondes. Les molécules sur-adsorbées perdent alors leur rôle dispersant et entrent en interaction avec tous les processus physico-chimiques de l'hydratation.

Des études au microscope électronique ont montré que les polysulfonates semblaient modifier la morphologie des cristaux d'ettringite, que les molécules de superplastifiant étaient consommées lors de la réaction d'hydratation et qu'ainsi la phase interstitielle anhydre du ciment (C_3A + C_4AF) formait un composé organo-minéral ressemblant à de l'ettringite [31] [32]. L'influence de la chimie du ciment sur les performances des superplastifiants est donc attribuée en partie à l'intercalation des superplastifiants dans les produits d'hydratation [33]. La phase organo-minérale est intercalée dans l'AFt, l'AFm et le C-S-H. Le polymère intercalé n'est plus disponible pour les besoins de dispersion, ce qui diminue son efficacité et l'ouvrabilité est rendu moins bonne. La part du superplastifiant qui reste en solution libre est celle qui contribue à la dispersion du ciment.

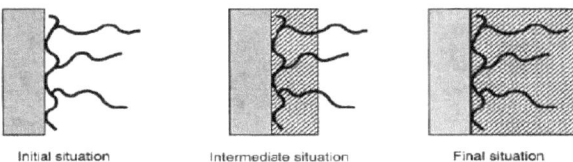

Initial situation   Intermediate situation   Final situation

Figure I.17 : Illustration de l'explication du long maintien d'ouvrabilité en présence de co-polymères avec des chaînes polyethylène oxydes [Sakai et Daimon 1997].

La part du superplastifiant consommée par intercalation et piégée dans la phase organominérale de ces hydrates du ciment ne contribue plus à la dispersion dans le cas des polyéléctrolytes (polynaphtalènes et polymélamines sulfonates).

Par contre pour les polycarboxylates, polymères dont les longues chaînes de PEO restent plongées dans la solution interstitielle [34], ce phénomène est moins important au moins à court terme, lorsque le béton est encore frais et qu'il nécessite une fluidification pour son ouvrabilité.

Plus le ciment sera réactif et plus la phase organo-minérale formée sera importante [35].

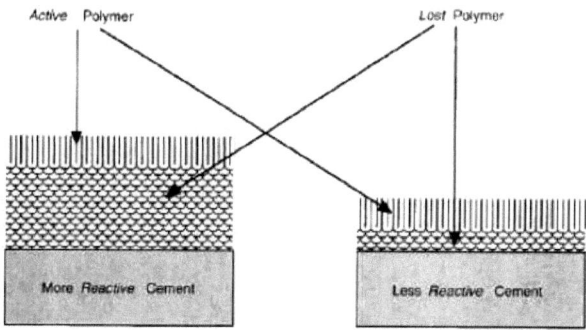

Figure I.18 : Réactivité du ciment – formation de la phase organo-minérale [Flatt, 2001].

2.3.2.6.6. Les sulfates alcalins

L'effet des sulfates alcalins (K_+, Na_+...) sur le comportement rhéologique des pâtes de ciment (ou du béton) est un facteur non négligeable.

Les sulfates alcalins sont principalement :

Tableau I.3: Nom des sulfates alcalins influant la rhéologie des pâtes de ciment.

Nom du sulfate alcalin	Formule chimique
Arcanite	K_2SO_4
Calcium langbenite	$2CaSO_4.K_2SO_4$
Aphtitalite	$Na_2SO_4.3K_2SO_4$

En 1974, Ost propose une formule de la composition ionique de la solution interstitielle en termes de sulfates alcalins équivalents:

Na_2O éq = %Na_2O + % K_2O. M_{Na2O}/ M_{K2O}

M_{Na2O} : masse molaire de Na_2O

M_{K2O} : masse molaire de K_2O

$M_{Na2O}/ M_{K2O} = 0,658$

Dans le clinker de ciment Portland, les alcalis (K_+, Na_+) forment d'abord avec le soufre des sulfates solubles $(Na,K)_2SO_4$. S'il y a un excès d'alcalins, ces derniers entrent dans les réseaux cristallins des phases minérales C_3A et C_2S, le sodium dans le réseau cristallin du C_3A et le potassium dans celui du C_2S, de préférence. Ils ont donc un effet sur l'hydratation des phases du ciment en provoquant une forme d'activation, ce qui amène des résistances élevées à court terme, mais modérées à 28 jours.

Dans les silos de stockage des ciments en cimenterie, comme dans les bétons, on peut rencontrer des problèmes de formation de syngénite ($CaSO_4.K_2SO_4.2H_2O$), qui se présente sous forme de petites aiguilles extrêmement fines qui s'enchevêtrent les unes par rapport aux autres.

2.3.2.6.7. *L'action des sulfates régulateurs de prise et des sulfates alcalins*

Les ciments à faible teneur en alcalins tendent à mieux adsorber le superplastifiant (par effet électrostatique) mais ce sont ceux qui présentent le plus de problèmes d'incompatibilité avec les polysulfonates. L'ouvrabilité des suspensions préparées avec un ciment à faible teneur en alcalins est beaucoup moins élevée que celle avec un ciment contenant une haute teneur en alcalins [36].

L'étude effectuée au microscope électronique, par Fernon, montre qu'en l'absence d'ions sulfates le composé organo-minéral fortement lié au squelette de l'aluminate de calcium hydraté est une composition de la molécule élémentaire de $[Ca_2Al(OH)_6]+$ qui sont les couches principales desquelles C_4AH_x est formé [33].

Une étude effectuée par R. Flatt montre que pour éviter cette «consommation», un ajout de Na_2SO_4 (comme régulateur de prise) favorise la formation d'ettringite AFt et diminue la formation de AFm et d'autres gels par régulation de l'hydratation des phases du ciment. Ces derniers étant plus massifs ils s'intercalent avec le polymère et en augmentent sa consommation.

La précipitation de gypse peut arriver très tôt et limiter la formation de AFt, c'est pourquoi l'ajout de sulfates solubles rééquilibre la précipitation. Donc, avec l'addition de sulfate de sodium, le ciment à faible teneur en alcalins se comporte comme un ciment à forte teneur en alcalins et l'ouvrabilité est de beaucoup améliorée [35].

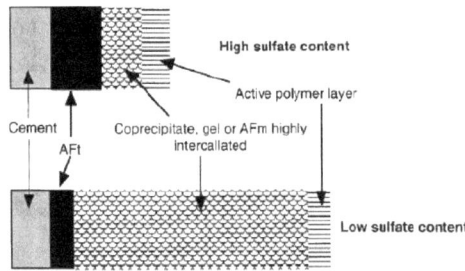

Figure I.19 : Représentation schématique de l'effet de la teneur en sulfates dans le ciment [Flatt 2001]

Plus que la teneur en sulfates des ciments, la vitesse de solubilité de ces sulfates est le paramètre qui importe. Et c'est celle des sulfates alcalins du clinker qui est bien plus importante que celles des sulfates de calcium du régulateur de prise. C'est pourquoi la quantité de sulfates solubles dans les alcalins conditionne plus la compétition avec l'adjuvant et décide de la compatibilité entre ciment et superplastifiant.

D'autre part, l'incompatibilité du couple ciment/superplastifiant peut provoquer des frictions entre particules, ce qui a pour effet d'augmenter brusquement le seuil de cisaillement.

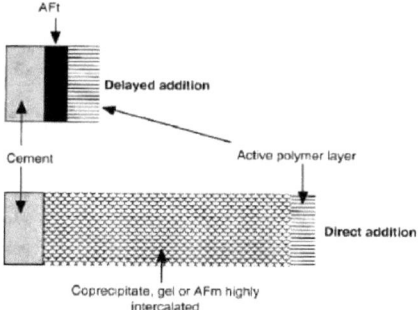

Figure I.20 : Illustration de la précipitation de la phase organo-minérale, dans le cas de l'addition directe du superplastifiant et celle de l'addition retardée [Flatt 2001].

L'addition retardée du superplastifiant dans le mélange permet de diminuer la différence entre les suspensions de ciment contenant de faibles ou de hautes teneurs en alcalins [35]. La figure I.20 montre qu'avec une addition retardée du superplastifiant, il n'y a pas de précipitation de gel ou d'AFm, ce qui permet une moindre consommation des chaînes du polymère.

2.3.4. L'utilisation éventuelle d'un agent de viscosité (retenteur d'eau)

L'ajout d'un superplastifiant ayant pour effet d'augmenter l'ouvrabilité du béton mais également de réduire sa viscosité, afin de minimiser ce dernier point, les B.A.P. contiennent souvent un agent de viscosité. Ce sont généralement des dérivés cellulosiques, des polysaccharides, des colloïdes naturels ou des suspensions de particules siliceuses, qui interagissent avec l'eau et augmentent la viscosité de celle-ci. Ils ont pour but d'empêcher le ressuage et les risques de ségrégation en rendant la pâte plus épaisse et en conservant une répartition homogène des différents constituants.

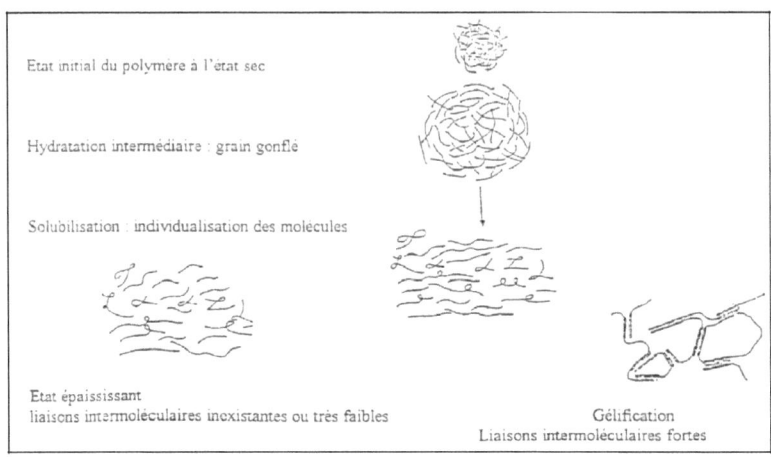

Figure I.21 : Interaction entre l'eau et les polysaccharides (d'après [42])

Cependant, l'action de ces produits est, d'une certaine façon, opposée à celle des superplastifiants. La formulation d'un B.A.P. requiert donc la sélection d'un couple agent de viscosité - superplastifiant compatible et l'optimisation de leur dosage (figure I.22).

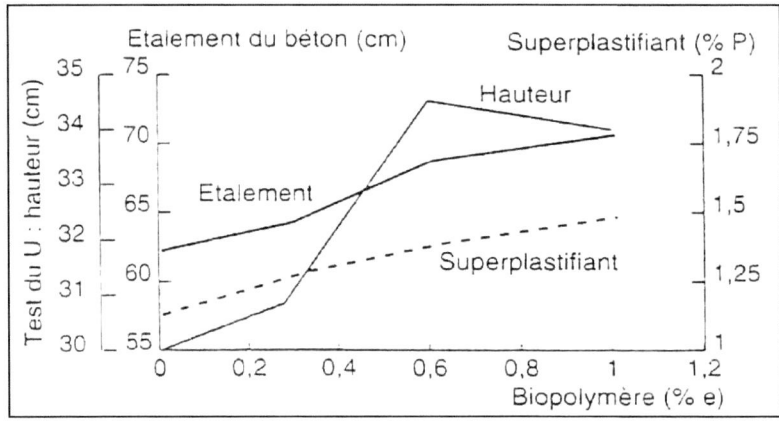

Figure I.22: Optimisation du dosage agent de viscosité – superplastifiant, d'après [38]

Ces produits semblent utiles pour des bétons ayant des rapports eau/liant (E/L) élevés, les fines n'étant alors pas suffisantes pour fixer l'eau dans le béton. En revanche, leur utilisation ne se justifie pas pour des B.A.P. ayant des rapports E/L faibles (rapport eau/fines < 0,3). Pour les bétons intermédiaires, leur utilisation doit être étudiée au cas par cas.

Les agents de viscosité ont aussi la réputation de rendre les B.A.P. moins sensibles à des variations de la teneur en eau à l'égard des problèmes de ressuage et de ségrégation, mais ils peuvent conduire à des entraînements d'air excessifs et à une diminution de la fluidité [19].

2.3.5. Un faible volume de gravillon

Les B.A.P. peuvent être formulés avec des granulats roulés ou concassés. Cependant, comme nous l'avons vu précédemment, il faut en limiter le volume car les granulats sont à l'origine du blocage du béton en zone confinée (figure I.23). Toutefois, comme ils conduisent par ailleurs à une augmentation de la compacité du squelette granulaire du béton, ils permettent de réduire la quantité de liant nécessaire à une bonne ouvrabilité et une résistance souhaitée.

Ces deux facteurs conduisent à prendre pour les B.A.P. un rapport gravillon/sable (G/S) de l'ordre de 1, qui peut être corrigé suivant le confinement de la structure étudiée.

Le diamètre maximal des gravillons (D_{MAX}) dans un B.A.P. est compris classiquement entre 10 et 20 mm, mais comme les risques de blocage pour un confinement donné augmentent avec D_{MAX}, cela conduit à diminuer le volume de gravillon.

En résumé, les composants de base d'une formulation de B.A.P. sont identiques à ceux d'une formulation de béton vibré mais leurs proportions sont différentes (figure I.23). Afin d'obtenir les propriétés requises à l'état frais d'un B.A.P., une importante quantité de fines et l'incorporation d'adjuvants (notamment les superplastifiants) sont nécessaires.

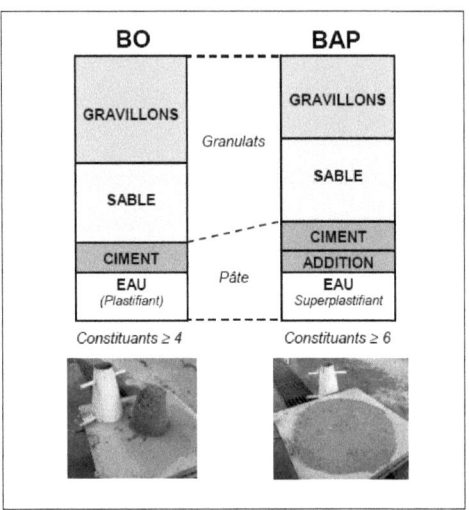

Figure I.23 : Comparaison entre une composition de B.A.P. et celle d'un béton vibré (d'après [8])

3. DIFERENTES FORMULATIONS DES B.A.P.

3.1. APPROCHE DE JEAN-MARIE GEOFFRAY

Il existe quelques principes de formulation de bétons autoplaçants établis par Jean-Marie Geoffray. Pour de plus amples informations se référer au fascicule de Jean Marie Geoffray «une manière de formuler le béton auto-plaçant» du Centre d'Etudes Techniques de l'Equipement (CETE) de Lyon.

Approche de l'INSA de Lyon

D'autres méthodes de formulation existent, celles de Jean Ambroise et Pera. Ils distinguent deux types de bétons : les BAN et les B.A.P.:

Obtention d'un BAN : ce sont des bétons très fluides. Pour maintenir le squelette en suspension, il faut soit augmenter le dosage en fines (ce qui présente tout de même du ressuage), soit ajouter un agent de rhéologie (ou agent viscosant). Puis optimiser le squelette granulaire de façon à avoir $0,5 \leq G/S \leq 1$. La quantité d'eau est entre 200 et 210L. La résistance mécanique d'un BAN ne peut excéder 40MPa puisque la quantité d'eau est très élevée.

Obtention d'un B.A.P. : ce sont des bétons qui sont plus visqueux. Les quantités de constituants pour obtenir une résistance mécanique de 40MPa sont les suivantes :

Tableau I.4: Type de formulation selon l'approche de l'INSA de Lyon, pour un B.A.P. de résistance en compression de 40MPa et incluant un agent viscosant

Sable 0/5	1000kg
Gravier 5/15	800kg
Superplastifiant	A régler
Agent viscosant	2,5kg
Eau	180L
Fines (ciment + fillers)	400kg jusqu'à 430kg

Pour obtenir de plus grandes résistances tels que 60MPa, il faut augmenter la quantité de fines, avoir un rapport G/S entre 0,8 et 0,9 et ajouter un peu d'agent de rhéologie dans la plupart des cas pour améliorer la robustesse.

La composition devient alors pour $R_c=60MPa$:

Tableau I.5 : Caractéristiques nécessaires à l'obtention d'un B.A.P. de résistance en compression de 60MPa.

G/S	0,8 – 0,9
Agent viscosant	500g
Eau	180L
Fines (ciment + fillers)	450kg

Dans leur approche, la correction du ressuage et l'amélioration de la robustesse de la formulation face aux conditions de fabrication sur chantier ne peuvent se faire par ajout de fines uniquement mais par ajout d'un agent de rhéologie.

3.2. APPROCHE JAPONAISE

La formulation japonaise a été développée à l'Université de Tokyo par Okumura, Ozawa et al. [39,40]. Elle consiste d'abord à fixer le dosage de gravier dans le béton et celui du sable dans le mortier, ensuite à procéder à l'optimisation de la pâte de ciment afin de donner au béton les meilleures performances.

Le volume du gravier est fixé à 50% du volume des solides contenus dans le béton ce qui permet d'éviter les risques de blocage. Pour assurer une bonne ouvrabilité, le volume du sable est fixé dans le mortier à 40% du volume total de mortier. Ensuite, le dosage des constituants de la pâte de ciment optimisé afin de satisfaire les critères d'ouvrabilité de l'essai d'étalement au cône et de l'essai d'écoulement à l'entonnoir sur le mortier.

L'approche japonaise n'est pas adaptée à la formulation des bétons avec des agents de viscosité. Pourtant, elle conduit à la formulation de bétons très visqueux [38]. De ce fait, plusieurs modifications et différents développements ont été apportés à cette méthode. En effet, Edamatsu et al [39] ont réussi grâce à l'utilisation d'additions minérales (fillers calcaire, cendres volantes, laitiers de hauts fourneaux), à augmenter le dosage de sable dans le mortier et donc à réduire le volume de pâte, et particulièrement du ciment, dans le béton. Pelova [40] ont trouvé qu'il est possible d'augmenter le volume de gravier dans le béton à la hauteur de 60% du volume solide total, et d'obtenir un béton autoplaçant.

3.3. APPROCHE SUEDOISE (CBI)

Cette méthode développée par CBI (Cement och Betong Institutet) se caractérise par la prise en compte de ferraillages importants. Le principe de cette méthode s'appuie sur des tests effectués par Ozawa [41] sur des mélanges de pâte de ciment et de granulats de différentes tailles, passant à travers différents espacements d'armatures.

Pour chaque taille de granulats, il existe une teneur volumique critique de granulats en deçà de laquelle le risque de blocage est nul et au dessus de laquelle le blocage est systématique. Cette teneur volumique critique est fonction de l'espacement entre les armatures (par rapport à la taille des granulats) et de la forme des granulats (roulés ou concassés). Cette méthode suppose que le phénomène de blocage est indépendant de la nature de la pâte, pourvu que celle-ci soit suffisamment fluide. Ainsi, la méthode CBI fournit une relation qui détermine le risque de blocage R_b :

$$R_b = \sum_i \frac{V_i}{V_{crit,i}}$$

V_i, est la proportion volumique des granulats de taille i, par rapport au volume total du béton.
$V_{crit,i}$ est la teneur volumique critique de cette fraction granulaire de taille i.

Le coefficient du risque de blocage doit être inférieur ou égal à 1 pour obtenir un béton satisfaisant. En utilisant cette approche, la relation est réécrite [42] comme :

$$R_b = (1-V_p).\sum_i \frac{y_i}{V_{crit,i}}$$

Avec y_i, la proportion volumique de granulats de taille i rapportée au volume total des granulats et V_p le volume de la pâte dans un volume unité de béton.

A partir de cette relation, on peut déduire, pour chaque rapport gravier sur sable (G/S), le volume minimal de pâte pour éviter le risque de blocage, en écrivant $R_b = 1$.

Le rapport E/C de la pâte et le type du ciment sont choisis en fonction de la gamme de résistance visée. Le dosage du superplastifiant est optimisé pour un écoulement autoplaçant caractérisé essentiellement par le cône d'Abrams et la boite en L. Les principales modifications et extensions de la méthode CBI sont apportées par Bui et al. [43], qui a proposé un critère supplémentaire pour obtenir un béton autoplaçant. Il s'agit d'ajouter un volume de pâte pour assurer un espacement minimal suffisant entre les granulats afin de réduire les frictions et les frottements entre les granulats. Sa méthode consiste à calculer l'épaisseur moyenne de pâte autour des granulats du béton autoplaçant, grâce à une base de données importante de formulations de bétons. L'espacement moyen entre les particules varie selon les auteurs entre 0,3 et 1mm.

3.4. APPROCHE LCPC

L'approche développée en France au LCPC par De Larrard et Sedran est basée sur le modèle d'empilement compressible [47,48] qui passe par l'optimisation de la porosité du système formé par les grains solides.

D'après les auteurs, un arrangement optimal du squelette granulaire permet d'obtenir une meilleure résistance et une plus grande ouvrabilité.

Cette approche est la synthèse de quinze années de recherche et fait l'objet d'un logiciel BétonlabPro qui prend en compte tous les paramètres de calcul de cette démarche pour différents types de béton (bétons ordinaires, bétons à hautes performances, bétons autoplaçants, etc.).

Pour un béton autoplaçant, les grandeurs exigées à l'état frais sont un étalement au cône d'Abrams supérieur à 60cm, un seuil de cisaillement inférieur à 500Pa, et une viscosité plastique comprise entre 100 et 200 Pa.s (grandeurs rhéologiques mesurées au BTRhéom). Ces critères correspondent selon les auteurs à un béton assez fluide et qui ne présente pas de ségrégation.

3.5. QUELQUES FORMULATIONS TYPES

La composition recommandée pour un B.A.P. en France [AFGC 2000] contenant des fines est la suivante :

Tableau I.6 : Formulation d'un B.A.P. contenant des fines.

Constituant :	Quantité pour 1m³ :
Eau	180 litres
Ciment	350 kg
Fines	200 kg
Sable	800 kg
Gravillons	900 kg (D_{max} limité à 16mm en général)
Adjuvant	6% du poids du ciment

Un autre exemple de formulation incluant un agent viscosant comme l'amidon est donné ci après:

Tableau I.7: Formulation d'un B.A.P. contenant un agent viscosant.

Constituant :	Quantité pour 1m³ :
Eau	200 litres
Ciment CEMI 52,5	300 kg
Fillers calcaires	100 kg
Sable 0/5 mm	900 kg
Gravillons 5/16 mm	800 kg
Adjuvants	3,5 kg
Amidon	2 kg

Il existe une très grande variété de matériaux locaux utilisés sur chantier ce qui peut conduire à des comportements différents à tous les niveaux (ouvrabilité, rhéologie, résistance). Il est donc impossible de réaliser une formulation universelle de béton autoplaçant.

Tableau I.8: Exemple de formulation japonaise.

Type de béton	Ciment (kg/m³)	Laitier (kg/m³)	Cendres (kg/m³)	Filler (kg/m³)	Sable (kg/m³)	Gravillon (kg/m³)	Eau (kg/m³)	Super-plastifiant (kg/m³)	Agent viscosité (kg/m³)
[Nakataki et al, 1995]	200	200	100	0	704	898	165	6	0
[Hayakawa et al, 1995]	180	220	100	0	753	926	170	7,7	1,5
[Yurugi et al, 1992]	300	0	0	200	700	910	170	8	0,2

Tableau I.9: Exemple de formulation canadienne.

Gâchée	Ciment (kg/m^3)	Fumée de silice (kg/m^3)	Gravillons (kg/m^3)	Sable (kg/m^3)	Eau (kg/m^3)	AV (g/m^3)	EA (l/m^3)	SP(l/m^3)
M35-SF	563	18	854	709	203	436	-	25,3
M35-A	581	-	835	682	203	436	1,0	23,2
M35-SF-A	563	18	825	680	203	436	1,0	25,3
M38-A	589	-	875	790	224	436	0,8	11,8
M38-SF-A	563	18	810	670	220	436	1,0	11,3
M41-SF	563	18	809	674	238	436	-	7,6
M41-SF-A	563	18	775	650	238	436	0,8	7,6

Avec AV : agent de viscosité, EA : entraîneur d'air, SP : superplastifiant

Nous retenons des tableaux, ci-dessus, que toutes les formulations utilisent superplastifiant, alors que l'agent de viscosité peut ne pas être incorporé.

NOTION DE BASE SUR LA RHEOLOGIE

1. INTRODUCTION

La rhéologie décrit les relations entre les contraintes et les déformations d'un élément de volume, comte tenu, le cas échéant, de leur dérivée par rapport au temps. La rhéologie est donc la science des déformations et de l'écoulement de la matière. Celle-ci se déforme quand on exerce sur elle une force, cette dernière changeant la forme et les dimensions de la matière. On dit qu'un élément est en écoulement si le degré de déformation change en fonction du temps. Le comportement rhéologique d'un élément de volume d'un corps est la manière dont ces déformations correspondent aux contraintes imposées sur ce corps. Le but de l'étude du comportement rhéologique d'un fluide est d'estimer le système de forces nécessaires pour causer une déformation spécifique, ou la prédiction des déformations causées par un système de force spécifiques.

Un fluide peut avoir un comportement plastique ou viscoplastique si l'écoulement n'intervient qu'une fois dépassé un certain seuil pour les contraintes. Si la vitesse d'écoulement est proportionnelle aux contraintes de cisaillement, on dit que le fluide est visqueux. En deçà de ce seuil, le fluide ne s'écoule pas mais peut, le cas échéant, se déformer de manière élastique.

La viscosité d'un fluide est la mesure de la résistance interne à tout écoulement due à la friction d'une couche par rapport à une autre : on doit appliquer une force sur une couche pour permettre le déplacement de celle-ci par rapport à une autre. La viscosité apparente d'un fluide, mesurée par l'intermédiaire d'un rhéomètre, tient compte de phénomènes microscopiques, mais exprime une grandeur macroscopique du fluide étudié.

2. CONCEPTION DE BASE DE LA RHEOLOGIE

Dans cette partie, on désire rappeler les bases de la science rhéologique, sans référence particulière au béton [47]. Il s'agit des définitions de bases des paramètres qui interviennent dans le comportement rhéologique d'un matériau ainsi que les modèles de comportement les plus fréquents.

2.1. CONCENTRATION VOLUMIQUE SOLIDE Φ

Le paramètre Φ est sans dimension, généralement exprimé en pour cent (%). Il représente le rapport du volume occupé par la phase solide au volume total du mélange.

La concentration volumique solide Φ est l'une des principales caractéristiques physiques d'une suspension. Une autre caractéristique importante est la concentration d'empilement maximum (le maximum parking) Φ_m qui est la concentration volumique solide correspondant au volume maximum de particules solides que l'on peut placer dans le volume total :

$$\phi = \frac{V_s}{V_s + V_F}$$

Dans le cas d'une pâte de ciment additionnée de fines minérales, on relie la concentration volumique φ au rapport E/C (eau/ciment) ou E/L (eau/liant), où L représente le liant formé par le ciment et les additions minérales par les relations suivantes [48]:

- *En fonction de E/C* :

$$\phi = \frac{X}{X + E/C} \qquad \text{avec} \qquad X = \left(\frac{1}{\rho_c} + \frac{p}{(1-p)\rho_a}\right)$$

- *En fonction de E/L* :

$$\phi = \frac{Y}{Y + E/L} \qquad \text{avec} \qquad Y = \left(\frac{1-p}{\rho_c} + \frac{p}{\rho_a}\right)$$

Où p est le taux de substitution massique du ciment par un autre composant et ρc et ρa sont respectivement les densités du ciment et de l'addition.

2.2. INDICE DES VIDES, POROSITE

L'indice des vides, noté e, est le rapport du volume des vides (V_v) au volume des grains solides (V_s). La porosité (ou appelée également pourcentage des vides), notée n, correspond au rapport du volume des vides au volume total (V) de l'échantillon. Ces deux paramètres sont reliés par les relations :

$$e = \frac{n}{1-n}$$

Dans le cas des milieux saturés, l'indice des vides, la porosité et la teneur en eau sont reliés à la concentration volumique solide φ par :

$$e = \frac{1-\phi}{\phi} \qquad n = 1 - \phi \qquad w = \frac{1-\phi}{\phi} \cdot \frac{\gamma_w}{\gamma_s}$$

Où : $\gamma_w = 10 \ kN/m^3$ *est le poids volumique de l'eau*

γ_s : *le poids volumique de la fraction solide*

2.3. LE COEFFICIENT DE CONSOLIDATION CV [M²/S]

Ce paramètre caractérise la cinétique de changement de volume d'une pâte sous l'effet d'un gradient de pression. Il se détermine à l'aide d'un essai œnométrique, par l'expression :

$$C_v = \frac{0{,}197h^2/2}{t_{50\%}}$$

où : $t_{50\%}$ est le temps mis par l'échantillon pour atteindre 50% de consolidation primaire et h correspond à la hauteur initiale de drainage.

Ce paramètre retraduit l'aptitude à l'essorage statique du matériau. Il dépend de la teneur en eau de l'échantillon. Par exemple, une pâte de kaolin de teneur en eau 37%, possède un C_v de $3{,}16.10^{-6}$ m²/s [51]

2.4. LA PERMEABILITE K [M/S]

Le coefficient de perméabilité d'un milieu constitué de particules caractérise son aptitude à filtrer de l'eau. Il dépend de ses propriétés physiques, de la dimension et de la forme de ses particules ainsi que de la teneur en eau. Darcy relie ce paramètre à la vitesse spécifique v_{sp} et au gradient hydraulique (dh/dl) (avec h un équivalent de pression exprimée en hauteur de fluide) de l'écoulement d'un fluide à travers un milieu poreux par :

$$k = \frac{v_{sp}}{dh/dl}$$

Cette expression ne tient pas compte des vitesses des mouvements particuliers et individuels du fluide à travers les interstices.

Le coefficient de perméabilité peut être également déterminé à partir d'un essai œnométrique. Son expression en fonction du la variation de l'indice des vides (e_o-e) et du facteur de consolidation C_v, est:

$$k = \frac{\gamma_w(e_o - e)C_v}{(1+e_o)}$$

La perméabilité statique (milieu solide fixe) est généralement évaluée. Par contre la perméabilité d'un milieu en écoulement peut être différent avec la perméabilité statique.

2.5. CONTRAINTE DE CISAILLEMENT τ [Pa]

Au cours d'un mouvement laminaire de cisaillement, les « couches » sont animées d'un mouvement relatif les unes par rapport aux autres. Il en résulte l'apparition de contraintes τ, qui s'exerce tangentiellement à la surface de la couche [49].

Donc, on peut dire que la contrainte de cisaillement est la force que l'on exerce par unité de surface du fluide:

$$\tau = dF/dS$$

où:

dS : surface élémentaire d'une couche cisaillée.

dF : projection de la force de frottement tangentielle.

2.6. VITESSE DE CISAILLEMENT $\dot{\gamma}$ [s^{-1}]

Considérons un matériau comme un ensemble de couches moléculaires parallèles emprisonnées entre 2 plans parallèles de surface séparés d'une distance h. Un des plans est fixe, et le second est déplacé d'une distance dx à une vitesse constante de norme V_o.

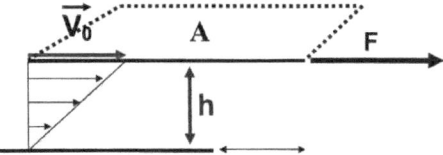

Figure II.1 : Schéma de la vitesse de cisaillement

Sous l'effet de la force tangentielle, la première couche moléculaire se déplace à la même vitesse. Les couches inférieures vont se mouvoir dans la même direction mais avec des vitesses de plus en plus petites. Il se crée un *gradient de vitesse* entre les deux plans.

Le déplacement entre les deux plans est défini comme *la déformation*, symbole γ suivant la relation:

$$\gamma = dx/dz$$

La norme du gradient de vitesse constant dans tout l'échantillon est définie comme *la vitesse de cisaillement*

Appelée également vitesse de déformation ou taux de cisaillement, il s'agit de la vitesse de déformation entre deux couches successives voisines du fluide cisaillé. Elle est souvent présentée comme étant la dérivée par rapport au temps de la déformation de cisaillement.

$$\dot{\gamma} = \frac{d\gamma}{dt} = \frac{d}{dt}\left(\frac{dx}{dz}\right) = \frac{d}{dz}\left(\frac{dx}{dt}\right) = \frac{dv}{dz}$$

2.7. VISCOSITE DYNAMIQUE µ [Pa.s]

On considère idéalement un liquide au repos comme un ensemble de couches moléculaires parallèles. Soumise à une contrainte tangentielle, une des couches du liquide se déplace par rapport à celle qui lui est sous-jacente; en raison du frottement permanent sur les molécules de la seconde couche, le mouvement est transmis partiellement à cette dernière en même temps que la vitesse de déplacement de la première couche diminue. Cet effet de retard, provoqué par la friction interne des molécules de la couche sous-jacente sur celle de la couche supérieure, est appelé **la viscosité**.

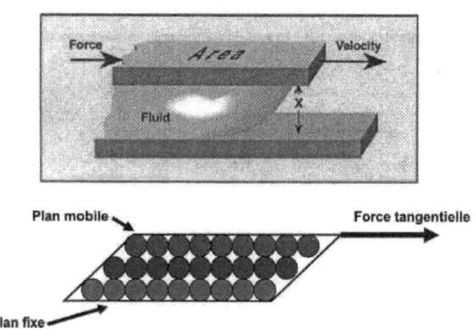

Figure II.2 : Schéma glissement des couches

La viscosité est la résistance à l'écoulement d'un système soumis à une contrainte tangentielle.

Le coefficient de viscosité est une grandeur physique qui joue un rôle essentiel dans la rhéologie des fluides. Sa connaissance suffit parfois à caractériser de façon précise le comportement rhéologie du matériau. On distingue différents types de viscosité (tangente, apparente). Dans notre étude, nous exploiterons principalement la viscosité apparente .Ce paramètre est défini par la relation suivant :

$$\mu = \frac{\tau}{\dot{\gamma}}$$

Viscosité cinématique : c'est le rapport de la viscosité dynamique à la masse volumique du fluide, ρ étant la densité du fluide, ν la viscosité cinétique. On définit la viscosité cinétique ν d'un fluide à partir de sa viscosité dynamique µ par la relation :

$$\upsilon = \frac{\mu}{\rho}$$

Elle correspond au temps qu'il faut à un fluide pour s'écouler dans un tube capillaire par la force de gravité. Son unité est le m^2/s, mais on utilise plus fréquemment l'ancienne unité, le stockes (cm^2/s) ou, en pratique, le centistokes (cSt), équivalent à 1 mm^2/s.

2.8. SEUIL DE CISAILLEMENT

Le seuil de cisaillement τ_o est défini comme étant la contrainte de cisaillement minimum à atteindre pour qu'un fluide soumis à une déformation de cisaillement s'écoule. En dessous de cette valeur, ce dernier se comporte comme un pseudo-solide (pas de déformations permanentes) [50]. Il existe différentes méthodes pour mesurer le seuil de cisaillement, qui mènent parfois à des notions physiquement différentes.

Le seuil statique correspond à la contrainte à fournir afin d'obtenir le premier signe d'écoulement. En effet, la méthode de mesure est appliquée à une suspension vierge de toute sollicitation (à part le malaxage dans le cas de mélange), donc une suspension initialement structurée. Le seuil de cisaillement statique peut être déterminé en imposant une contrainte croissante jusqu'à la valeur provoquant l'écoulement de la suspension.

Par contre, le seuil de cisaillement dynamique (τ_o dans l'équation du modèle de Herschel-Bulkley) correspond à une valeur théorique qui découle de l'extrapolation de la courbe d'écoulement à un gradient de vitesse de cisaillement nul. Il s'agit alors d'une valeur obtenue après la déstructuration du corps. La méthode de mesure consiste à déstructurer complètement la suspension testée en appliquant un gradient de vitesse suffisamment élevé, d'établir ensuite la courbe d'écoulement en faisant varier le gradient de vitesse, et de déduire la valeur de la contrainte à une valeur nulle du gradient de vitesse, à partir de l'équation du modèle.

Par conséquent, la valeur du seuil de cisaillement statique est logiquement supérieure à celle du seuil de cisaillement dynamique, en raison de l'état de déstructuration de la matière cisaillée.

3. COMPORTEMENTS RHEOLOGIQUES

Dans cette partie nous allons aborder les différentes lois de comportement rhéologique, des modèles associés aux écoulements de suspensions, des problèmes structuration et déstructurations qui vont influer le comportement rhéologique.

3.1. LOIS DE COMPORTEMENT RHEOLOGIQUE

D'un point de vue « rhéologique », chaque consistance, fonction de la composition, se traduit par un type de comportement associé à un :

* Fluide visqueux, c'est à dire présentant un écoulement permanent sous son poids propre

* Fluide viscoplastique, c'est à dire fluide visqueux au delà d'une certaine contrainte «seuil ». On distingue les fluides viscoplastiques rhéofluidifiants ou rhéoépaississants.

* Fluide plastique, c'est à dire en écoulement permanent lorsqu'un certain état de contrainte (seuil) est atteint. On distingue des écoulements plastiques dilatants et contractants.

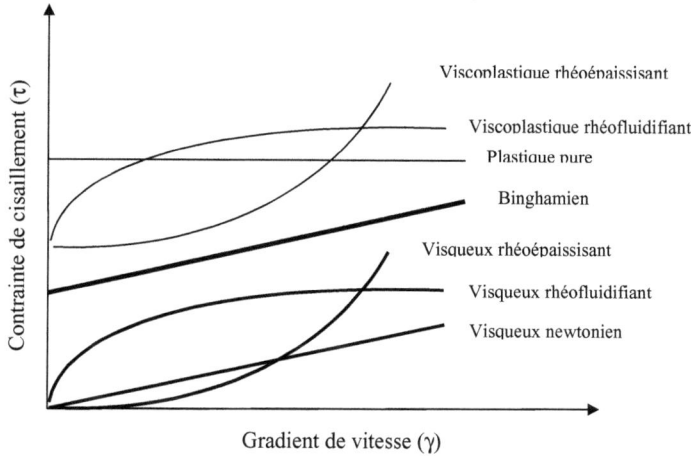

Figure II.3 : rhéogrammes des différents types de comportement rhéologique

Dans tous les cas, le type de comportement est illustré par une allure de courbe d'écoulement appelée rhéogramme, $\tau(\dot{\gamma})$, dont les paramètres sont caractéristiques du fluide analysé. Dans le cas d'un fluide viscoplastique de Bingham, par exemple, le seuil de cisaillement et la viscosité plastique sont respectivement l'ordonnée à l'origine et la pente de la courbe $\tau(\dot{\gamma})$. Ces paramètres sont identifiables à l'aide de rhéomètres spécifiques.

3.1.1 Fluides visqueux (sans seuil)

L'écoulement des suspensions concentrées (concentration volumique proche du packing), est parfois comparé à celui des fluides non newtoniens incompressibles tels que les fluides d'Ostwald de Waele (Papo). La loi de comportement [52]:

$$\sigma_{ij}^{d} = \eta \left(\sqrt{\dot{I}_2} \right)^{N-1} . D_{ij}$$

avec :

σ^{d}_{ij} : le tenseur déviateur des contraintes : $\sigma_{ij}^{d} = \sigma_{ij} - \frac{1}{3} tr(\sigma)$

I_2 : le deuxième invariant du tenseur des vitesses de déformation : $\dot{I}_2 = \frac{1}{2} D_{ij} D_{ij}$

D_{ij} : le tenseur des vitesses de déformation.

Dans le cas de la pâte de ciment, on a 0<N<1.

En présence de matériaux rhéofluidifiants, tels que les pâtes de ciment et les mortiers (de texture fluide), 0<N<1. Dans le cas de matériaux rhéoépaississants, tels que les boues argileuses, N>1. Cependant, comme nous allons le voir dans la partie expérimentale, aux forts taux de cisaillement, les matériaux cimentaires présentent également un comportement rhéo-épaississant.

Ce comportement se distingue ainsi du comportement visqueux newtonien incompressible (N=1), pour lequel la contrainte de cisaillement est une fonction linéaire du taux de déformation, avec µ, la viscosité newtonienne :

$$\sigma_{ij}^{d} = 2\mu D_{ij}$$

Doltsinis et Schimmler [53], propose d'utiliser un tel comportement pour simuler l'extrusion des pâtes céramiques.

3.1.2 Fluides viscoplastiques

En présence de suspensions très concentrées, matériaux qu'on peut qualifier de pseudo-solides, l'écoulement ne se produit que lorsqu'un seuil de contrainte est dépassé. Au delà de cette contrainte seuil, les matériaux se comportent comme des fluides visqueux (incompressibles, non Newtoniens). C'est le cas des mortiers et bétons fermes et des pâtes céramiques de faible teneur en eau. De tels matériaux sont appelés "fluides viscoplastiques à seuil".

Doustens et Laquerbe [54], ont considéré que les pâtes souples de kaolin possédaient un comportement assimilable à celui des fluides de Bingham. L'équation régissant l'écoulement dans ce cas s'écrit sous la forme:

$$\sigma_{ij}^d = \left(2\mu + \frac{K}{\sqrt{I_2}} \right).D_{ij}$$

Un tel comportement est également exploité par Coussot pour caractériser des boues naturelles.

D'autres suspensions se comportent comme une combinaison d'un fluide plastique à seuil et d'un fluide d'Ostwald de Waale, ce sont des fluides d'Herschel-Bulkley, dont la loi d'écoulement prend la forme suivante :

$$\sigma_{ij}^d = \eta \left(\sqrt{I_2} \right)^{N-1}.D_{ij} + \frac{K}{\sqrt{I_2}}.D_{ij}$$

Ce type de comportement est exploité pour caractériser le comportement des bétons par De Larrard et coll. [55], ainsi que par Cyr [48] pour décrire le comportement des pâtes de ciment adjuvantes et Mansoutre [56] pour les pâtes de silicate tricalciques. Notons que certains auteurs qualifient les pâtes de ciment comme des fluides de Bingham dont le comportement évolue vers celui d'un liquide newtonien en présence d'une vibration [11,12] ou de susperplastifiants.

3.1.3 Fluides plastiques parfaits

Sur le plan analytique, la plasticité d'un matériau se transcrit à l'aide d'une fonction de charge $f(\sigma_{ij})$ telle que :

* Lorsque $f(\sigma_{ij}) < 0$, l'écoulement ne se produit pas.

* Au moment où le seuil est atteint, $f(\sigma_{ij}) = 0$, l'écoulement apparaît. Si aucune augmentation des contraintes n'apparaît pendant l'écoulement, le matériau est dit «parfaitement plastique». Par ailleurs, si des déformations évoluent pendant l'écoulement, le matériau est qualifié de "viscoplastique".

3.2 LA THIXOTROPIE ET ANTITHIXOTROPIE

3.2.1 La thixotropie

Certaines suspensions peuvent présenter un écoulement dont les caractéristiques dépendent du temps ou des traitements antérieurs (fluides à mémoire). C'est le cas des corps thixotropes caractérisés par une diminution réversible de la viscosité apparente lors d'une sollicitation à vitesse constante. Cette propriété est généralement caractéristique des suspensions floculées. Elle est liée à la destruction progressive des flocs sous cisaillement. Les rhéogrammes de telles suspensions présentent une boucle d'hystérésis, c'est à dire que la courbe de montée en cisaillement ne coïncide pas avec la courbe de descente.

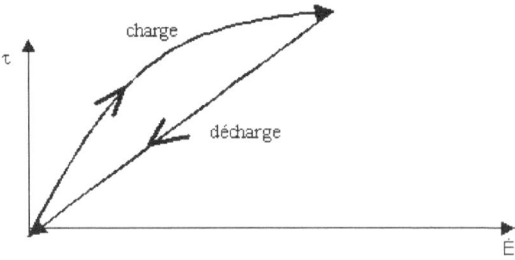

Figure II.4 : Le corps thixotropique

Pour certains corps, si après ce cycle de charge et décharge, on laisse au repos pendant un temps assez long, la structure se réorganise et si on recommence une charge, on obtient le premier rhéogramme à nouveau.

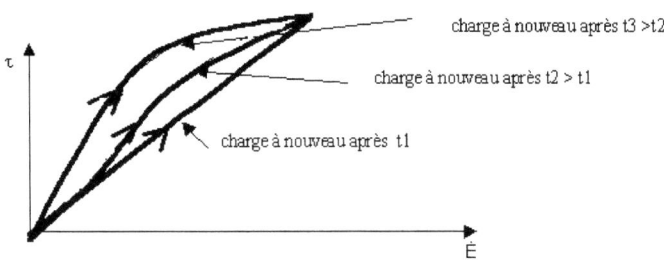

Figure II.5 : Comportement d'un corps thixotrope

D'un point de vue physique, la thixotropie est le résultat d'une déstructuration du fluide en écoulement s'accompagnant d'une diminution provisoire de la barrière d'énergie potentielle associée aux interactions entre particules.

Il est possible d'évaluer de degré de thixotropie d'un corps en calculant les paramètres suivants:

- **Surface de la couche d'hystérésis, (A)**

Elle représente l'énergie nécessaire pour détruire la structure thixotrope

$$A = \sigma \dot{\gamma}$$

Mais c'est une mesure très arbitraire. Cette surface dépend en effet non seulement du volume de l'échantillon, de la gamme de gradient de vitesse couverte, mais aussi du temps mis à couvrir cette gamme. Par ailleurs elle ne donne aucune information sur la reprise de la structure thixotrope.

- **Coefficient temporel de destruction thixotropique, (B)**

Ce coefficient est calculé pour les corps plastiques de Bingham. Lorsqu'un corps thixotrope plastique est soumis à un taux de cisaillement donné, sa viscosité (μ) diminue exponentiellement selon l'expression:

$$B = -\left(\frac{d\mu}{dt}\right).t$$

La forme intégrée de l'équation est : $\mu = \mu_o - Blnt$

μ est la viscosité plastique au temps t_o

- **Coefficient thixotropique, (M)**

Ce coefficient est aussi calculé pour les corps plastiques de Bingham. Deux boucles d'hystérésis sont obtenues en appliquant deux tensions maximales de cisaillements différents.

Le coefficient M est obtenu à partir de l'équation suivante:

$$M = \frac{\mu_1 - \mu_2}{\ln(\dot{\gamma}_2 / \dot{\gamma}_1)}$$

L'indice M dépend des tensions de cisaillement maximales choisies. Ces dernières doivent être spécifies.

Avec la pâte de ciment si l'on prend en compte l'effet d'hydratation du ciment, la thixotropie de la pâte de ciment, ou du béton, est marquée par l'irréversibilité de l'évolution du matériau. Cependant, si l'hydratation ne se produit pas trop rapidement pendant la période dormante, les matériaux à base de ciment présentent des aspects thixotropes sur un intervalle de temps assez court.

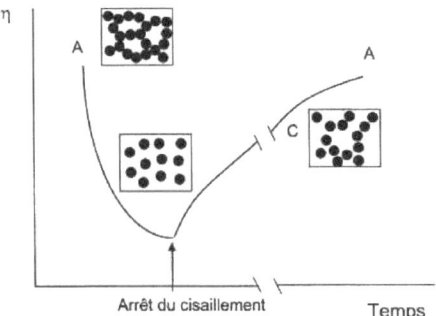

Figure II.6 : La variation de la viscosité en fonction du temps d'un système thixotropique sous l'influence d'une contrainte de cisaillement maintenue constante

Les mouvements relatifs des particules rompent certaines liaisons de la structure. Alors, bien qu'elle apparaisse pendant l'écoulement des interpénétrations des couches diffuses, ainsi que des frottements et des chocs désordonnés entre les grains, la résistance à l'écoulement de la structure apparaît diminuée par rapport à l'état initial. La rupture des liaisons ne s'est pas faite d'un coup, mais progressivement. Certains auteurs [13,14] ont trouvé qu'elle nécessite une certaine de secondes pour la pâte de ciment. En fait, ce temps dépend du cisaillement appliqué. D'ailleurs, LEGRAND [61] pense que les cisaillements faibles n'ont pas autant d'effets que les cisaillements forts, même au bout d'un temps très long. Après un certain temps de repos, les liaisons rompues de la structure du béton s'établissent à nouveau.

PAPO [62] a trouvé que pour certaines pâtes de ciment, la courbe de contrainte en fonction du temps à gradient de vitesse constant remonte après avoir atteint le minimum, en raison des nouvelles liaisons qui s'établissent au cours du temps et construisent ainsi une nouvelle structure. Puis la courbe redescend à nouveau, toujours sous cisaillement continu. En fait, en tenant compte de l'hydratation de ciment, il n'est pas étonnant qu'une telle structure s'établisse au cours d'une certaine durée. Pour la première dégradation de contrainte (avant que la courbe ne remonte), PAPO a tenté de la décrire par l'équation suivante :

$$\tau = \tau_1 + (\tau_1 - \tau_2).\exp.(kt)$$

Où τ_1 et τ_2 sont respectivement la contrainte maximale (initiale) et la contrainte minimale (la valeur du premier plateau au cas où il en existe plusieurs), k un paramètre dépendant du gradient de vitesse, et t le temps.

3.2.2 L'Antithixotropie

Il s'agit d'un épaississement de la préparation en fonction de la durée de cisaillement. Le gel d'hydroxyde de magnésium USP présenterait un tel comportement.

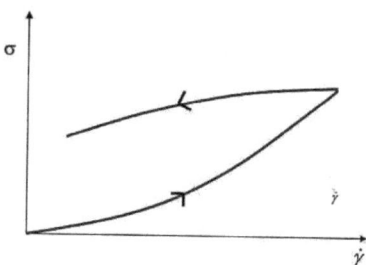

Figure II.7 : Rhéogramme d'un système présentant une antithixotropie

3.3 MODELE COMPORTEMENT RHEOLOGIQUE

3.3.1 Fluides visqueux (sans seuil)

* *Modèle de Williamson:*

Ce modèle s'écrit:

$$\tau = \frac{\tau_\infty \dot{\gamma}}{\dot{\gamma}+a} + \mu_\infty \dot{\gamma}$$

Où: τ_∞, μ_∞ et a sont trois constantes du modèle. Quand $\tau_\infty = 0$, le modèle devient Newtonien.

* *Modèle de Sisko:*

Ce modèle s'écrit:

$$\tau = a\dot{\gamma} + b(\dot{\gamma})^c$$

où: a, b et c sont trois constantes du modèle. Quand c = 1, le modèle revient au modèle Newtonien. En variant la constante c, on peut tenter d'exprimer les fluides rhéoépaississants et rhéofluidifiants.

* **Modèle de Briant:**

Ce modèle s'écrit:

$$\tau = \mu_\infty \dot\gamma \left(1 + \frac{\tau_\infty}{a\mu_\infty \dot\gamma}\right) a$$

Où: τ_∞, μ_∞ et a sont trois constantes du modèle.

* **Modèle de Powell-Eyrin:**

Ce modèle s'écrit:

$$\tau = \mu_\infty \dot\gamma + (\mu_o - \mu_\infty)\frac{\sinh(\beta\dot\gamma)}{\beta}$$

où: μ, μ_∞ sont respectivement la viscosité initial et finale du matériau, et β une autre constante du modèle.

3.3.2 Fluides viscoplastiques

Les modèles ci-après sont destinés a priori aux fluides viscoplastiques. Nous y trouvons toujours une constante τ_o pour exprimer le seuil de cisaillement. Remarquons que ces modèles s'adaptent également aux fluides exclusivement visqueux en prenant τ_o nul.

* **Modèle de Herschel-Bulkley:**

Ce modèle s'exprime par:

$$\tau = \tau_o + b(\dot\gamma)^c$$

Où: τ_o est le seuil de cisaillement, b et c deux constantes du modèle (paramètres caractéristiques de l'écoulement rhéologique). Nous voyons que quand c = 1 et $\tau_o \neq 0$, nous retrouvons le cas Binghamien. Quand c = 1 et $\tau_o = 0$, nous retrouvons le cas Newtonien. En variant la constante c et le seuil de cisaillement τ_o, on peut tenter d'exprimer les fluides rhéoépaississants et rhéofluidifiants.

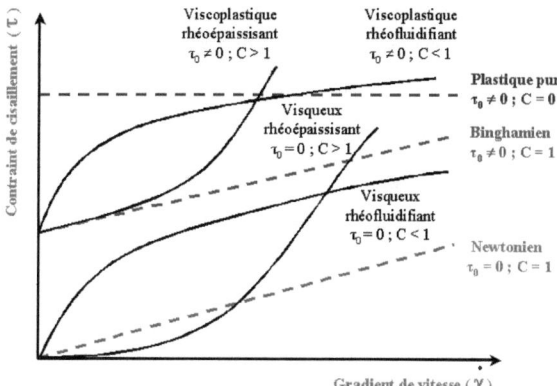
Figure II.8 : Modèle Herschel-Bulkley en variant c et τ_0

* **Modèle de Casson:**

Ce modèle s'exprime par:

$$\left(\sqrt{\tau}-\sqrt{\tau_o}\right)^2 = a(\dot{\gamma})$$

Où: τ_o est le seuil de cisaillement, a est une autre constantes du modèle.

* **Modèle de Vom-Berg:**

Ce modèle s'exprime par:

$$\tau = \tau_o + a\sinh^{-1}\left(\frac{\dot{\gamma}}{b}\right)$$

Où: a et b étant deux constantes du modèle.

* **Modèle de Robertson-Stiff:**

Ce modèle s'exprime par:

$$\tau = a(b+\dot{\gamma})^c$$

Où: a, b et c étant trois constantes du modèle. Dans ce modèle, le seuil de cisaillement $\tau_o = a.b^c$

3.4 MODELES STRUCTURAUX

En présence de fluides à composante visqueuse, il est possible d'analyser, à partir des rhéogramme $\tau(\dot{\gamma})$ décrits précédemment, pour une vitesse de cisaillement donnée, l'évolution de la viscosité apparente μ en fonction de la concentration volumique solide :

$$\mu_r = \mu_r(\phi)$$

μ_r : étant la viscosité réduite définie par le rapport de la viscosité apparente μ à la viscosité du fluide saturant μ_o

$$\mu_r(\phi) = \frac{\mu(\phi)}{\mu_o}$$

Dans la littérature, un grand nombre d'expressions de la fonction $\mu_r(\phi)$ sont cités comme la théorie d'Einstein, le modèle de Krieger-Dougherty, modèle de Quémada [63]. Mais avec la pâte de ciment le modèle de Krieger-Dougherty est particulièrement adapté [64]:

$$\mu_r = (1 - \lambda\phi)^{-q}$$

Où :

$q = k_1/\lambda$ est calculé pour que la formule d'Einstein soit satisfaite au premier ordre de ϕ.

En posant : $\phi_M = \lambda^{-1}$,

$k_1 = [\eta]$ appelé viscosité intrinsèque de la pâte. Elle peut déterminer ar la relation suivant:

$$[\eta] = \lim_{\phi \to 0} \frac{\eta - \eta_f}{\phi \eta_f}$$

Avec des sphères, on a: $[\eta] = 2,5$.

L'expression connue de la viscosité apparente de Krieger-Dougherty devient:

$$\mu = \mu_o \left(1 - \frac{\phi}{\phi_M}\right)^{-[\eta]\phi}$$

L'expression au dessus montre bien une divergence de la viscosité d'une suspension lorsque sa fraction volumique solide ϕ tend vers la concentration d'empilement maximum de grains (ϕ_M). En présence de sphères monodispersées, l'empilement maximum correspond à l'arrangement cubique faces centrées, $\phi_{FCC} = \pi/3\sqrt{2}$ ($\phi_{FCC} = 0,74$). L'expérience [65] donne plutôt des valeurs proches de l'arrangement dense aléatoire (Random Close Packing), $\phi_{RCP}=0,637$.

3.5 STRUCTURATION-DESTRUCTURATION

Quémada (1985), relie les propriétés non newtoniennes d'une suspension à l'existence de structures internes (unités structurelles) susceptibles d'évoluer sous un état de contrainte ou de cisaillement Σ, tel que $\Sigma = \sigma / \sigma_c$ ou $\dot{\gamma} / \dot{\gamma}_c$ (σ_c et $\dot{\gamma}_c$ sont respectivement la contrainte et le taux de cisaillement critique). Il explique ainsi le phénomène de rhéofluidification par le résultat de la rupture des amas de particules (ou Unités Structurelles, US) sous l'action de l'écoulement. Cette rupture s'accompagne d'une libération du fluide suspendant immobilisé (fluide lié) dans la suspension.

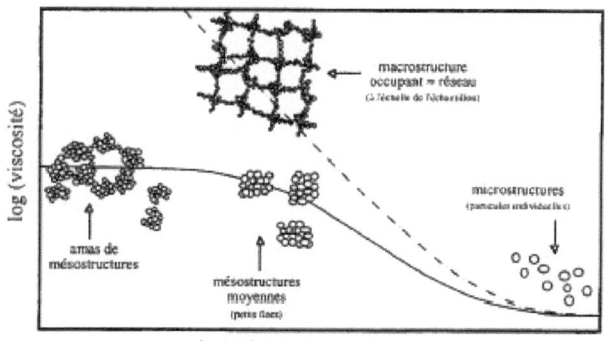

Figure II.9 : Rupture des US sous cisaillement et rhéofluidification des suspensions

Les modèles "structurels" utilisent des variables pertinentes permettant l'interprétation physique des paramètres introduits lors de l'élaboration des modèles. Ils sont basés principalement sur les considérations suivantes :

* le choix des variables structurelles, caractérisant la structure,

* les types de cinétique pour la formation et la rupture de la structure (structuration/ déstructuration), introduits par l'écoulement, en présence des autres forces s'exerçant sur les particules,

* les dépendances explicites des constantes figurant dans les équations cinétiques qui gouvernent l'évolution de la structure,

* la relation entre la viscosité et ces variables structurelles.

En retenant une seule variable structurelle "S" variant entre 0 et 1, on définit une relation S=f(S, Σ, t), telle que:

$$\frac{dS}{dt} = \frac{1-S}{t_A} - \frac{S}{t_D}$$

Avec

t_A: le temps de relaxation nécessaire pour la formation de la structure (restructuration),

t_D: le temps de relaxation nécessaire pour la rupture de la structure (déstructuration)

Ces deux paramètres temps, peuvent être des fonctions de l'état de contrainte Σ.

On défini alors une structure d'équilibre:

$$S_{equilibre}(\Sigma) = \left(1 + \frac{t_A}{t_D}\right)^{-1}$$

Si S=1, la suspension est totalement structurée. Pour S=0, il n'y a plus d'amas dans la suspension.

Ainsi un modèle de viscosité exprimant la relation viscosité-structure, paramétré par une concentration volumique effective Φ_{eff} d'unité structurelle, peut être écrit :

$$\mu = f(S) = \mu(\Phi_{eff})$$

En posant:

$$\phi_{eff} = \left[1 + \left(\frac{1-\varphi_o}{\varphi_o}\right)\right]\Phi$$

Et

$$\mu = \mu_o\left(1-\frac{\phi}{\phi_o}\right)^{-q} = \mu_o\left(1-\frac{\phi_{eff}}{\phi_{effMo}}\right)^{-q}$$

$$\mu_\infty = \mu_o\left(1-\frac{\phi}{\phi_\infty}\right)^{-q} = \mu_o\left(1-\frac{\phi_{eff}}{\phi_{effM\infty}}\right)^{-q}$$

Avec

μ_0 et μ_∞ les viscosités du fluide quand $\dot{\gamma}=0$ et quand $\dot{\gamma}\rightarrow\infty$

Φ_o et Φ_∞ les concentrations volumiques solides correspondant au parking à $\dot{\gamma}=0$ et quand $\dot{\gamma}\rightarrow\infty$

Φ la concentration volumique vraie de la suspension.

Φ_o la compacité moyenne des US.

En considérant que lorsque : $\dot{\gamma}\rightarrow\infty$, $\Phi_{eff}\sim\Phi_\infty$ et $\Phi_{effMo}\sim\Phi_{eff\infty}$

Le modèle de viscosité peut alors être formulé par:

$$\mu = \mu_\infty\left(1-\frac{\phi}{\phi_\infty}\right)^{-q}$$

Avec

$$\theta = \frac{t_A}{t_D}$$

Et

$$\chi = \chi(\phi) = \left(1-\frac{\phi}{\phi_o}\right) / \left(1-\frac{\phi}{\phi_\infty}\right)$$

$\dot{\chi}$ est appelé index de structure. Il permet le contrôle du comportement du système.

Papir et Krieger [66] proposent pour $0 < \chi < 1$ un comportement pseudo-plastique

Casson [67] propose pour $\chi = 0$ un comportement plastique

Hoffman [68] propose pour $1 < \chi < \infty$ un comportement dilatant

Hoffman [68] propose pour $-\infty < \chi < 0$ une discontinuité de la viscosité.

Kitano [69] propose pour $\chi = 1$ un comportement newtonien

La modélisation structurelle des suspensions concentrées constitue un moyen pour le choix des variables pertinentes indispensables à la prédiction des types d'écoulement de ces fluides. Par ailleurs, la signification physique de ces variables offre un outil d'interprétation des comportements observés.

En présence d'un écoulement type "fluide" des suspensions granulaires concentrées, la notion d'unités structurelles et les phénomènes de structuration et déstructuration en cours d'écoulement seront repris au chapitre suivant afin de modéliser l'interaction entre les réponses rhéologiques et la formulation des mortiers et bétons.

4. OPTIMISATION RHEOLOGIQUE DU BETON

Il n'existe pas pour l'heure de méthode universelle de formulation d'un béton autoplaçant, car les matériaux employés et leurs qualités diffèrent d'une zone géographique à une autre. Mais les méthodes empiriques traditionnelles de formulations, expérimentées en partie sur les chantiers et préconisées par les recommandations provisoires de l'AFGC [19] consistent à augmenter le volume de la pâte dans le béton, à faire diminuer le volume de gravillons (rapport gravillons/ sable (G/S) tend vers 1), à fluidifier au maximum le béton en ajoutant un complément de superplastifiant et s'il le faut à remplacer une partie du ciment par des fillers minéraux. Le choix d'un remplacement du ciment par des fillers minéraux alternatifs répond aux critères souhaité par Eiffage Construction dans le cahier des charges de la formulation du béton.

Les principaux essais rhéologiques effectués sur les bétons sont de deux types : les essais au cône d'Abrams et à la boite LCPC pour caractériser l'aptitude au remplissage (fluidité) du béton par des mesures de seuils, et l'essai à la boite L pour caractériser le passage du béton à travers des armatures.

4.1 MESURES RHEOLOGIQUES AU CONE D'ABRAMS

La maniabilité des bétons les plus fermes sera caractérisée de manière traditionnelle par l'affaissement au cône d'Abrams. Pour ces bétons, la procédure de remplissage de béton dans le cône se fait par tranche de tiers de volume de béton et en tapant jusqu'à 25 coups au total jusqu'à la fin du remplissage pour tasser le béton dans le cône. Pour les bétons plus fluides, l'essai au cône fournit une mesure d'étalement. Dans ce cas le remplissage du cône se fait d'un seul trait.

Si les effets d'inertie peuvent être négligés, il est généralement admis que l'écoulement s'arrête lorsque la contrainte dans le béton testé devient inférieure ou égale à la contrainte seuil de béton [70]. Dans la plus part des utilisations du cône d'Abrams, la hauteur initiale du cône étant de 30 cm, la mesure de l'affaissement est considérée si après soulèvement du cône l'affaissement est inferieur à 25 cm. Pour les affaissements supérieurs, l'étalement est mesuré (généralement pour les bétons autoplaçants).

Il est généralement admis [71] que dans le cône il existe deux zones d'écoulement : au dessus d'une certaine hauteur critique, la contrainte de cisaillement reste inférieur à la contrainte seuil il n'y a pas d'écoulement. En dessous de la hauteur critique, la contrainte de cisaillement induite par la pression exercée par le poids du béton au dessus, est plus élevée que la contrainte seuil. Dans cette région, le béton s'écoule par couches successives qui s'étalent jusqu'à ce que la contrainte appliquée sur le matériau devienne égale à celle de la contrainte seuil du béton, marquant l'arrêt de l'écoulement.

Plusieurs chercheurs ont tenté de trouver une relation entre l'affaissement et la contrainte seuil par des méthodes empiriques et théoriques [47], [71]. Hu propose une relation générale de la forme :

$$\tau_0 = \frac{\rho}{27}(30 - S)$$

Où ρ est la masse volumique exprimée en kg/m^3, τ_0 en Pa et S en cm.

Cette relation est juste pour décrire le seuil au sens de Bingham en excluant les bétons dont les viscosités sont supérieures à 300 Pa.s. Et, une sous estimation du seuil est systématique dans le domaine des faibles valeurs tel que celui des bétons autonivelant et autoplaçant. La précision du modèle de Hu est améliorée par une correction empirique de De Larrard, consistant à ajouter un terme constant :

$$\tau_0 = \frac{\rho}{34.7}(30 - S) + 212$$

L'équation fournit un écart de 162 Pa par rapport aux mesures.

Par ailleurs, Murata [72] donne une relation, entre la mesure de l'affaissement et le seuil de l'écoulement du béton, qui ne dépend pas de la forme géomètrique du cône. D'après les mêmes hypothèses, Schowalter et Christensen [70] ont écrit des relations analogues pour des essais effectués avec un moule conique et Pashias et al [73] avec un moule cylindrique. Ces résultats ont été confirmés par Clayton et al. [74] et Saak et al [75] dans le cas des moules cylindriques. Cependant, dans le cas de certains moules cylindriques ou plutôt dans le cas des bétons plus fermes, un écart entre la prédiction et les mesures expérimentales des affaissements est systématiquement obtenue.

Pour les affaissements plus grands, l'étalement est un paramètre plus approprié pour estimer la contrainte seuil d'un béton. Coussot et al [76] ont trouvés une relation entre les contraintes seuils de béton fluide en étendant la solution analytique à deux dimensions (Liu et Mei [89]). Cette approche est basée sur l'hypothèse que l'épaisseur de la couche de fluide est beaucoup plus faible que la longueur caractéristique de l'interface solide-liquide. Roussel et Coussot [71] ont montré récemment que deux régimes différents peuvent être identifiés, dans le but d'obtenir une corrélation quantitative correcte et que les conditions d'arrêt de l'écoulement nécessite une description avec un critère 3D. Des simulations numériques ont été entreprises pour deux géométries de moule coniques classiques, le cône d'Abrams (ASTM) et le mini cône (ASTM) des pâtes de ciment. Un large et bon accord entres les seuils prédis par la méthode et les seuils mesurés expérimentalement sur une large gamme de seuils adimensionnels à été obtenu et la corrélation était la suivante :

$$S = 25.5 - 17.6 \frac{\tau_0}{\rho} \qquad (1)$$

Avec S, la mesure de l'affaissement et ρ, la masse volumique du béton.

Cette corrélation est valable pour des affaissements entre 2 et 5 cm. Finalement pour des consistances de béton fermes, l'affaissement du béton sera corrélé au seuil τ_0 d'après cette expression.

Figure II.10 : dispositif d'essai de mesure de la fluidité du béton : le cône d'Abrams.

Pour les bétons fluides, il a été démontré par Roussel que l'étalement ne peut être corrélé de façon universelle aux paramètres rhéologiques des bétons autoplaçants. En effet, malgré la prise en compte et le respect de la pluparts des conditions de l'écoulement lors de l'essai au cône pour que la corrélation soit valide (tension superficielle et effets d'inerties négligeables lors de l'essai), l'épaisseur finale du béton étalée reste du même ordre de grandeur que le diamètre maximal du plus gros granulat empêchant ainsi toute corrélation analytique entre le seuil et l'étalement [76]. Cela ne signifie pas que l'étalement au cône d'Abrams ne puisse pas être utilisé comme un test de caractérisation d'un béton autoplaçant. Mais il ne peut être directement universellement corrélé au seuil du béton testé, car les équations de la mécanique des fluides ne sont pas connues.

Pour des consistances de béton dont l'affaissement S est inférieur à 25cm, le résultat de l'essai est corrélé au seuil de matériau τ_0 par l'équation (1). Une méthode alternative a été proposée par Roussel pour les bétons développant des affaissements supérieurs à 25cm, il s'agit de la boite LCPC.

4.2 MESURES RHEOLOGIQUE A LA BOITE LCPC

La boite LCPC conçue par Roussel consiste à verser 6 litres de béton à partir d'un seau dans une boite en forme d'un canal. Le volume de béton est le même que celui du cône d'Abrams qu'il soit assez représentatif du béton testé par rapport au diamètre maximal des gros granulats (ici 14mm). [77] ont vérifié que vider 6 litres à partir d'un seau génère un écoulement assez lent pour négliger les effets d'inerties. L'analyse de cet écoulement et la prédiction des profilés à l'arrêt ont été étudié par [77].

Ce test permet d'établir une meilleure corrélation entre le seuil et l'étalement puisque le béton s'écoule dans un canal de dimensions 150 x 200 x 1000mm. L'épaisseur minimale du matériau, qui peut être atteinte à l'arrêt de l'écoulement, est comprise entre 5 et 10 cm, soit supérieure à celle obtenue avec le cône. Cela permet de considérer l'écoulement du béton et son arrêt comme ceux d'un fluide homogène et ainsi d'établir une corrélation analytique entre le seuil d'écoulement et l'étalement des bétons fluides.

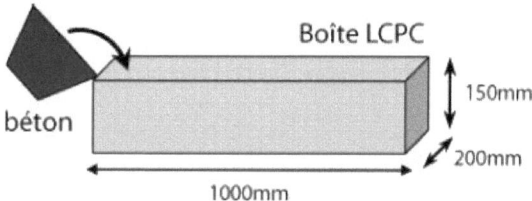

Figure II.11 : dispositif de la boite LCPC.

4.3 MESURE RHEOLOGIQUE A LA BOITE EN L

L'essai à la boîte en L permet de tester la mobilité d'un béton frais de volume 12 litres, dans un milieu confiné et à travers des armatures d'acier. Ce test permet d'évaluer le taux de blocage du béton lors du passage entre les armatures d'acier, et d'estimer la capacité de passage et l'aptitude du béton à traverser une zone fortement ferraillée.

Le principe est le suivant :

- La partie verticale est entièrement remplie de béton
- On laisse reposer pendant une minute puis on lève la trappe (représentant les armatures en aciers du béton armé) et on laisse le béton s'écouler à travers le ferraillage.
- Lorsque le béton ne s'écoule plus dans la partie horizontale, on mesure le rapport des hauteurs H_1 et H_2.

Cette méthode expérimentale donne la différence de hauteur du béton dans les parties verticales et horizontales de la boite. A la fin de l'écoulement du béton, les rapports des bétons H_2 sur H_1 doit être supérieur à 0,8 pour les bétons autoplaçants [19].

Toutefois, Nguyen et al montrent que l'écoulement dans la boite est dominé par les effets d'inerties liés à la vitesse de soulèvement de la trappe. Des prédictions théoriques de la forme du matériau à la fin de l'écoulement ont été corrélées avec succès à des résultats expérimentaux dans le cas de suspensions de fillers calcaires

.

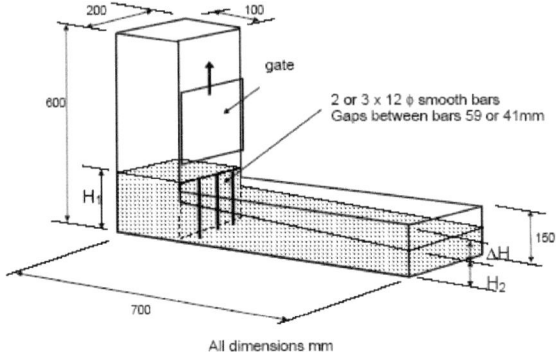

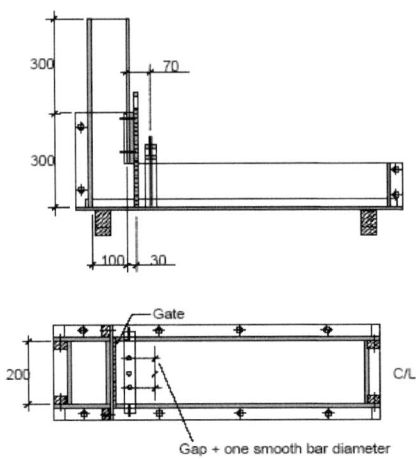

Figure II.12 : essai de la boite en L (a) : vue d'ensemble ; (b) : les dimensions. [78].

4.4. ESSAI J-RING

L'essai du J-Ring (Japanese Ring) consiste à associer un anneau d'armatures à l'essai de l'étalement au cône d'Abrams. L'anneau d'armatures et le cône d'Abrams sont centrés avant de relever le cône et d'observer l'étalement du béton à travers les armatures. Les dimensions de l'anneau, des armatures et les espacements entre les armatures sont différents selon les auteurs et les pays Nous citons quelques dimensions rapportées par [79]. Les diamètres des armatures et les espacements entre armatures peuvent varier respectivement dans les plages 10-16 mm et 34-48 mm. Le diamètre de l'anneau varie entre 23,5 et 30 cm.

Figure II.13 : schématisation de l'essai de J-Ring

Le test J-Ring permet d'évaluer la différence entre le comportement du béton sans et avec obstacles. Ainsi, l'essai de l'étalement au cône d'Abrams doit être effectué deux fois, la seconde fois en utilisant l'anneau d'armatures. La différence entre les diamètres moyens des deux essais met en évidence la perte de remplissage due à la présence d'armatures. Pour un béton autoplaçant cette différence doit être inférieure à 5 cm. Cet essai est essentiellement utilisé dans le cas des bétons autoplaçants fibrés.

4.5. ESSAI DE L'ECOULEMENT A L'ENTONNOIR (V-FUNNEL)

Cet essai permet une évaluation qualitative du béton autoplaçant [80] : il caractérise la capacité de passage du béton à travers un orifice. L'entonnoir existe en dimensions différentes, et il est destiné à imposer un écoulement du même type que celui imposé entre deux armatures parallèles. Le plus souvent, la partie inférieure de l'entonnoir est rectangulaire de dimensions 7,5 cm x 6,5 cm. Elle est équipée d'une trappe.

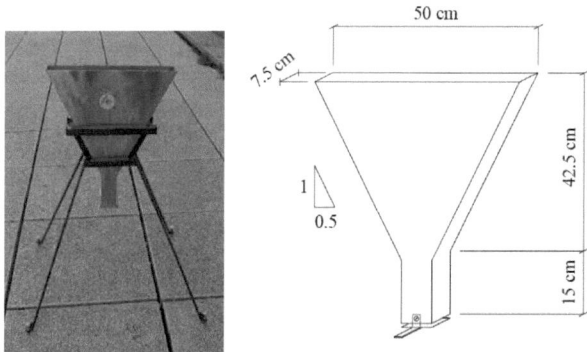

Figure II.14 : Schématisation de l'essai à l'entonnoir V-funnel

L'essai consiste à observer l'écoulement du béton à travers l'entonnoir et à mesurer le temps d'écoulement entre le moment où la trappe est libre et le moment où on aperçoit le jour par l'orifice. Le béton autoplaçant doit s'écouler avec une vitesse constante ; un simple changement de vitesse de l'écoulement est un signe de blocage, donc de ségrégation dans le béton. Cet essai permet aussi d'évaluer la viscosité du béton lors de l'écoulement : pour des bétons de même étalement au cône d'Abrams par exemple, la viscosité est d'autant plus élevée que la durée de l'écoulement à l'entonnoir est longue [80].

Le temps d'écoulement du béton autoplaçant à l'entonnoir doit être généralement inférieur à 12 secondes. Quelques recommandations visent un temps compris entre 5 secondes et 12 secondes pour obtenir un béton de viscosité suffisante [81]. Un essai similaire à celui de l'entonnoir (mais de forme cylindrique) a été développé par Bartos [82], et appelé Orimet. Un béton autoplaçant doit avoir un temps d'écoulement inférieur à 5 secondes. Ce dispositif peut être associé à l'essai J-Ring : le béton occupant le dispositif Orimet est directement déversé sur une plaque métallique au centre de l'anneau d'armatures.

4.6. ESSAI DE L'ECOULEMENT AU TUBE EN U

De principe identique à l'essai de l'écoulement à la boite en L, l'essai du tube en U permet de tester la capacité de passage du béton à travers des armatures, et le taux de remplissage du béton [83]. Le dispositif d'essai est composé de deux compartiments R1 et R2, séparés par une grille d'armatures et une trappe coulissante. Différentes dimensions et espacements existent pour les armatures entre les deux compartiments (variation selon les types de chantier et les spécifications des différents pays).

Le béton est versé dans la partie R1 de façon continue, on ouvre la trappe laissant passer le béton à travers la grille d'armatures, jusqu'à l'arrêt de l'écoulement (équilibre atteint). La hauteur de remplissage atteinte correspond à la facilité du béton à se mettre en place dans un milieu confiné. Pour un béton autoplaçant, la hauteur de remplissage est généralement supérieure ou égale à 30 cm [83][82].

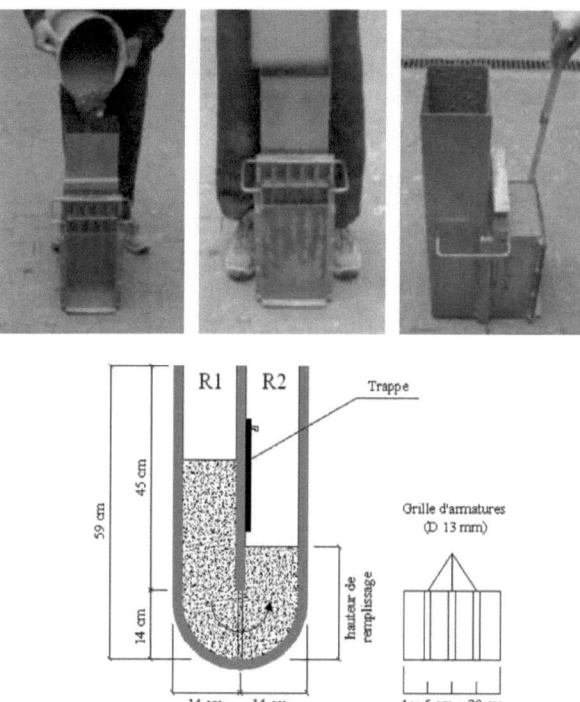

Figure II.15 : schématisation de l'essai du tube en U.

4.7. ESSAI DE L'ECOULEMENT AU CAISSON

Cet essai simule le comportement d'un béton dans un milieu fortement ferraillé et consiste à évaluer le taux de remplissage dans ce milieu. Il est généralement destiné au test des bétons très fluides, ne contenant pas de gravier de taille supérieure à 25 mm. Son avantage principal réside en la visualisation du comportement autoplaçant du béton.

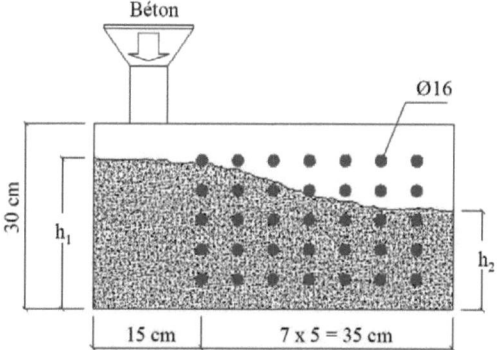

Figure II.16 : schématisation de l'essai de caisson.

Ce test consiste à verser le béton dans la partie gauche du caisson jusqu'à atteindre la hauteur h1 des armatures supérieures. Une observation visuelle est effectuée afin de juger qualitativement de la capacité de passage et de remplissage, et de noter la présence d'un certain blocage. Une caractérisation quantitative du taux de remplissage R(%) est possible par la relation suivante [82] :

$$R(\%) = \frac{h_1 + h_2}{2.h_1}.100$$

Où h_1 et h_2 sont les hauteurs mesurées du béton (après l'arrêt de l'écoulement) de part et d'autre du caisson. Pour un béton autoplaçant, le taux de remplissage au caisson doit être supérieur à 60% [18].

4.8. ESSAI DE LA PASSOIRE

Cet essai consiste à observer le comportement du béton pendant son écoulement à travers une grille d'armatures espacées de 5 cm. Il permet de détecter les signes de blocage afin d'évaluer la capacité de passage du béton. Le test est réalisé avec un volume de 30 litres de béton, versé dans le récipient équipé dans sa partie inférieure de la grille d'armature. Le récipient est soulevé verticalement laissant le béton s'écouler à travers la grille. Une pression est exercée sur la surface supérieure de l'échantillon de béton afin de tester son comportement à différentes conditions d'écoulement (pression supérieure à celle de l'écoulement à l'essai au caisson) [82].

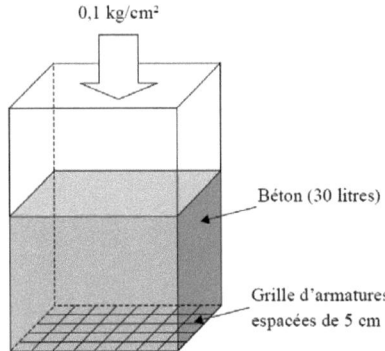

Figure II.17 : Schématisation de l'essai de passoire.

Cet essai est actuellement rarement utilisé puisqu'il nécessite un grand volume de béton, et un temps de mise en oeuvre important.

4.9. ESSAI DE LA STABILITE AU TAMIS (GTM)

L'essai de stabilité au tamis est développé par la société « GTM construction ». Il permet de qualifier le BAP vis-à-vis du risque de ségrégation. Cet essai nécessite un sceau de 10 litres avec un couvercle, un tamis de maille 5 mm, de diamètre 315 mm et un fond figure (18). Le test consiste à remplir le seau de 10 litres et à laisser le béton couvert et au repos pendant 15 minutes. Un échantillon de ce béton (4,8 kg ± 0,2 kg) est versé à travers le tamis de 5 mm posé sur le fond, et laissé deux minutes, avant de peser la masse de la laitance traversant le tamis.

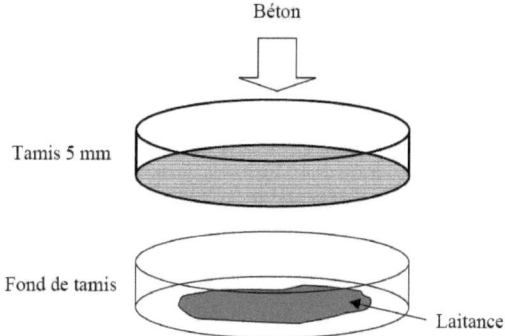

Figure II.18 : Schématisation de l'essai de stabilité (GTM)

Le pourcentage P de laitance traversant le tamis par rapport à la masse de l'échantillon est donc calculé [AFG00] :

$$p = \frac{masse \cdot de \cdot laiance}{masse \cdot de \cdot l'echantillon} \cdot 100$$

La mesure de pourcentage de laitance conduit à classer les formulations de béton autoplaçant de la façon suivante tableau (1) [19].

Tableau II.1 : Critères de stabilité (GTM)

Conditions	Critères de stabilité	Remarques
$0\% \leq P \leq 15\%$	Stabilité satisfaisante	Béton homogène et stable
$15\% \leq P \leq 30\%$	Stabilité critique	Vérifier les autres critères d'ouvrabilité
$P \geq 30\%$	Stabilité très mauvaise	Ségrégation systématique, béton inutilisable

4.10. ESSAI DE LA COLONNE

Cet essai, développé par Otsuki et al [84], permet d'évaluer la résistance à la ségrégation d'un béton. Il consiste à placer le béton dans une colonne cylindrique figure (19) ou à base carrée (10 cm de côté) et à le laisser jusqu'au début de prise. Des fractions des parties supérieures, centrale et inférieure sont lavées au travers d'un tamis de 5 mm et les granulats de taille supérieure à 5 mm sont pesés. La ségrégation est négligeable si la distribution des granulats dans les différentes parties est uniforme. La distribution est considérée comme uniforme si la différence entre les teneurs en graviers des parties supérieure et inférieure ne dépasse pas 10% [84][85]. D'autres auteurs considèrent une valeur de 5% pour le béton autoplaçant [86].

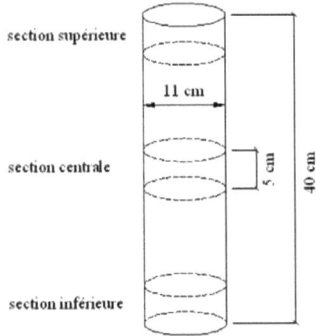

Figure II.19 : essai de la colonne

4.11. TESTS DE PENETRATION

L'essai de pénétration à la bille est un essai qui a pour objectif de tester la tendance à la ségrégation [87]. Il consiste à mesurer l'enfoncement d'une bille de 20 mm de diamètre, dans un cylindre de béton de 16 cm de diamètre et de 32 cm de hauteur.

La bille, qui simule un granulat de la même taille, est reliée par une tige rigide à un balancier et sa masse volumique peut être ajustée par un contre poids. Pour différents poids apparents, l'essai consiste à laisser la bille s'enfoncer de sa hauteur dans le béton. On mesure le temps nécessaire pour que la bille s'enfonce dans le béton. Plus ce temps est faible, plus la tendance à la ségrégation du béton est élevée. Pour un béton autoplaçant, la résistance à la ségrégation est jugée satisfaisante si la bille s'enfonce d'une hauteur inférieure à 6 cm.

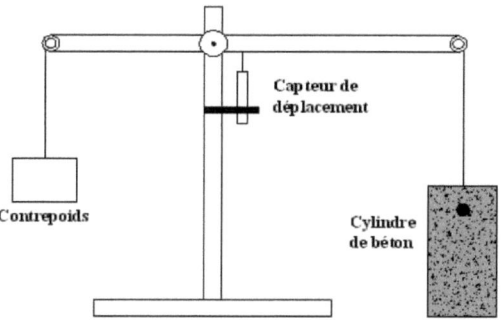

Figure II.20 : essai à la bille

D'autres auteurs ont développé et utilisé un test identique qui consiste à faire le même essai avec un cylindre [85][88]. Le béton a une résistance à la ségrégation suffisante si la hauteur de pénétration du cylindre est inférieure à 7 cm.

4.12. BILAN

Nous avons cité les principaux tests empiriques qui sont destinés à caractériser l'ouvrabilité d'un béton autoplaçant. Nous représentons dans le tableau (2) l'ensemble des tests avec les propriétés d'écoulement qu'ils peuvent mettre en évidence.

Tableau II.2 : Caractérisation des bétons autoplaçants par les tests empiriques

Type d'essai	Capacité de remplissage	Vitesse de déformation	Résistance à la Ségrégation	Capacité de passage
Cône d'Abrams	X	X	X	
J-Ring	X			X
Entonnoir		X		X
Boite en L	X	X		X
Tube en U	X			X
Caisson	X			X
Passoire				X
Stabilité au tamis			X	
Colonne			X	
Colonne LMDC			X	
Pénétration			X	

Tous les essais présentés ci-dessus sont des tests empiriques qui visent à caractériser le béton vis à vis de la fluidité, l'absence de blocage dans les milieux ferraillés et les risques de ségrégation. On peut considérer que le test le plus populaire est le test de l'étalement au cône d'Abrams, parce que d'une part il est facile à transporter, à réaliser et à nettoyer et d'autre part parce qu'il permet de donner des informations sur la fluidité, la viscosité et le risque de ségrégation du béton. Combiné avec le test J-Ring il peut servir à évaluer aussi la capacité de passage du béton autoplaçant.

Cependant, la caractérisation de tous les aspects d'ouvrabilité d'un béton autoplaçant nécessite au moins deux ou trois essais. En effet, aucun essai ne peut caractériser toutes les propriétés d'ouvrabilité réunies d'un béton. Enfin, il est possible qu'un test d'ouvrabilité empirique qualifie comme identiques, deux bétons qui ont des comportements différents dans d'autres circonstances. En effet, deux bétons qui ont le même étalement par exemple, ne sont pas forcément de la même consistance et peuvent avoir deux valeurs distinctes de viscosité. Par conséquent, une caractérisation rhéologique quantitative est nécessaire pour décrire l'écoulement du béton [89].

5. CONCLUSION

Au terme de cette revue bibliographie, nous avons rapporté les paramètres essentiels qui concernent le comportement rhéologique et les types de comportement associé des suspensions granulaires (y compris la pâte de ciment). La concentration volumique solide, la compacité du squelette granulaire, la forme et la taille des grains ou encore la viscosité du fluide saturant, les vitesse de cisaillement, ... sont autant de paramètres dont il faut tenir compte si l'on souhaite contrôler les valeurs du seuil d'écoulement, de la viscosité, les conditions aux interfaces, ... Les notions rappelées dans ce chapitre constituent des outils pour la modélisation des réponses rhéologiques et la formulation des suspensions concentrées.

Cette revue bibliographie permet de dégager des problématiques importantes concernant la formulation, l'écoulement et le comportement rhéologique des bétons autoplaçants.

La formulation des BAP, reste actuellement une des difficultés majeures à son développement et utilisation. Les approches de formulation décrites n'ont pas été développées dans même direction. Il y a des approches pour formuler des bétons autoplaçants contenant des agents de viscosité, mais il y a des approches n'utilisant pas cet adjuvant. Cet adjuvant peut en effet modifier les propriétés d'écoulement du béton, et entraîné le changement des dosages des autres constituants des BAP. Par conséquent, plusieurs questions se posent : *l'ajout d'un tel constituant a-t-il une influence sur les rôles de base des autres constituants et comment peut-il modifier les principes de formulation d'un BAP ?*

Les propriétés rhéologiques et d'ouvrabilité du béton sont très dépendantes de celles de sa pâte de ciment ou de son mortier. D'autre part, la conception d'une pâte autoplaçante est un critère de base pour obtenir un béton d'une bonne ouvrabilité, puisqu'elle contrôle la fluidité et la résistance à la ségrégation du béton. Par conséquent, réaliser un béton autoplaçant passe nécessairement par une étude au niveau de la pâte.

Très peu d'études ont permis de souligner des interactivités entre constituants, ou de dégager un constituant (ou paramètre) dominant et déterminant par rapport aux autres constituants des mélanges cimentaires. Aussi il existe peu d'études pour comprendre l'influence des constituants et des paramètres principaux sur l'écoulement des bétons autoplaçants, et pour mettre en évidence les éventuelles interactions entre eux.

La deuxième partie s'inscrit donc dans cette optique.

RHEOLOGIE DES PATES DE CIMENT DU BETON AUTOPLAÇANT

1. INTRODUCTION

Les bétons autoplaçants (BAP) sont caractérisés par leur fluidité élevée. Ils se mettent en œuvre sans vibration, remplissent facilement des petits interstices de coffrages et sont pompés sur des longues distances. En revanche, la pâte de ciment correspondante (PAP) doit être assez visqueuse pour éviter la ségrégation. Puisque ces deux types de propriétés exigés sont apparemment contradictoires, la formulation d'un BAP s'avère en fait critique et difficile à contrôler. Le comportement rhéologique constitue ainsi un aspect clef pour les BAP [95,96].

Pour obtenir de telles propriétés, les cimentiers utilisent différentes formulations qui peuvent être classées en deux catégories. Dans le premier type de formulation, on arrive à obtenir les propriétés BAP en effectuant un choix judicieux de la distribution de la taille des grains des différents composants. Dans le deuxième type de formulation, les propriétés BAP sont obtenues en jouant sur les propriétés rhéologiques de la phase fluide. Dans l'étude présentée ici, nous avons choisi le deuxième type de formulation. Nous considérons le comportement rhéologique d'une pâte de ciment du béton autoplaçant (PAP) en variant la quantité des adjuvants.

Les superplastifiants sont apparus à la fin des années 1970 au Japon et en Allemagne. Les premiers étaient généralement des sels sulfoniques de formaldéhydes, naphtalènes ou mélamines, qui avaient la propriété de pouvoir améliorer notablement la fluidité d'une gâchée, et donc de diminuer la quantité d'eau nécessaire à sa mise en oeuvre. Leur arrivée sur le marché a permis le développement des bétons à "hautes performances". Les superplastifiants récents sont les polycarboxylates qui assurent une meilleure défloculation de la suspension de ciment en solution aqueuse, ce qui améliore la rhéologie du mélange. Les mécanismes responsables de cet effet sont encore discutés. Il semble certain que ces molécules organiques s'adsorbent à la surface des grains de ciment. La défloculation serait obtenue par répulsion électrostatique des nuages de molécules ainsi formés en périphérie des grains et/ou par l'encombrement stérique de ces molécules qui empêcherait les contacts entre les particules de ciment. En définitive, ces produits auraient un rôle de dispersant et de lubrifiant. Enfin, l'abaissement de la tension de surface de l'eau améliorerait également la fluidité du système. Les agents de viscosité empêchent le ressuage et limitent les risques de ségrégation des granulats. Ils augmentent la viscosité de la phase fluide et agissent comme stabilisateur de la suspension.

2. FORMULATION DES ECHANTILLONS UTILISES

2.1. FORMULATION DES PAP

La formulation du béton est déterminée à partir de la formulation du projet national Français "Bétons fluides". Nous avons décidé de concentrer les efforts de recherche sur une seule formulation de béton fluide afin de ne pas disperser les efforts et ainsi de générer des résultats plus facilement transposables entre les différentes thématiques du projet national. En conséquence, la majorité des expériences réalisées dans les études utilisera des constituants industriels issus d'une formulation type de BAN 25 mis au point par l'URGC Matériaux de l'INSA de Lyon. Le travail d'optimisation des formulations de BAN a été effectué dans le cas des Programme Thématique Prioritaire "Matériaux" de la Région Rhône-Alpes (1997-2000), en liaison avec l'Ecole des mines de Saint-Etienne et le Service Matériaux du CSTB Grenoble. Cette formule, qui est robuste et utilisée industriellement, comporte les matériaux suivants avec leurs caractéristiques :

- Sable : l'absorption d'eau et l'eau de mouillage ≈ 5\%
- Gravier : l'absorption d'eau et l'eau de mouillage ≈ 3\%
- Ciment : type ciment Portland CPA CEM I 52,5
- Fillers calcaire: D50 à 13 µm
- Fluidifiant : Glénium 27 en phase aqueuse
- Agent viscosant Foxcrete 20% d'extrait sec

Tableau III.1 : Formulation du béton BAP

Gravier (kg/m^3)	Sable (kg/m^3)	Filler (kg/m^3)	Ciment (kg/m^3)	Eau (l/m^3)	SP (kg/m^3)	AV (kg/m^3)
700-800	*900-1000*	*120-140*	*280*	*200*	*5-6*	*2,5*

Tous les composants de la formulation ont été parfaitement identifiés d'un point de vue physico-chimique et minéralogique. Les mesures de maniabilité ont été réalisées en utilisant des techniques suivantes:

- Mesure de l'étalement statique d'un troc de cône présentant les dimensions :

$\Phi_{inf.}$ = 225 mm,
$\Phi_{sup.}$ = 170 mm,
h = 120mm.

-Mesure du temps d'écoulement de 10 litre de béton dans un cône présentant un ajustage de 50 mm de diamètre.

Un béton est autonivelant si l'étalement est de 600mm et le temps d'écoulement inférieur à 10 secondes.

2.1.1 Les pates utilisées

Pour établir d'un point de vue théorique la formulation de la pâte, il faut retirer l'eau de mouillage des grains (gravier, sable...) qui n'existent pas dans le coulis, ce qui donne la formulation des deux pâtes de ciment de référence suivantes.

a) La formulation de la pâte de ciment du béton ordinaire PO (E/C=0,5):

Tableau III.2 : Formulation de la pâte référence

Filler	Ciment	Eau
(g)	(g)	(ml)
330	1000	500

b) La formulation de la pâte de ciment du BAP (E/C=0,33):
c)

Tableau III.3 : Formulation de la pâte PAP

Ciment	Filler	Eau	S.P	A.V
(g)	(g)	(ml)	(g)	(g)
1000	330	300	20	10

Nous considérons de manière indépendante l'influence du dosage en AV. Partant de la pâte de référence désormais dénotée PAP, nous formulons 4 autres pâtes en changeant le dosage en A.V.: PAP-100% A.V., PAP-50 A.V. , PAP+100% A.V. , PAP+50% A.V.

2.1.2 Procédure et préparation

Afin d'assurer la répétitivité et la conformité pour tous les essais, la confection des PAP autoplaçantes doit être faite avec le même processus et les exigences sur le malaxage doivent pouvoir être respecter à tout les instants de la fabrication. Un pré-mix constitué de ciment et de filler est d'abord préparé. Une homogénéisation des différents constituants est réalisé avec un malaxage planétaire pendant 5 minutes afin d'obtenir une meilleur répartition des particules fines dans le ciment.

Le malaxage est effectué avec un petit malaxeur à ailette (fig 2) par gâchées d'un litre environs ensuite on ajoute au mélange le fluide (eau+SP+AV) (le temps de rajout ne doit pas excéder 0.5mn), puis le malaxage du coulis dure 4mn à vitesse lente et 2mn à grande vitesse. La durée totale de malaxage est de 11.5 mn, cette durée élevée permet la désaglomération des fines et de donner un temps d'action suffisant pour le superplastifiant.

Tableau III.4 : Procédure de fabrication de la pâte

Operations	Ciment+Filler introduction	Eau+SP+AV addition	Malaxage vitesse lente	Malaxage vitesse rapide
Temps (mn)	5	0,5	4	2

Figure III.1 : Malaxeur utilisé.

2.2. FORMULATION DES MORTIERS AUTOPLAÇANTS

En utilisant le même matériels et matériaux que celui utilisé pour les PAP et de la même procédure, on arrive à confectionner les mortiers autoplaçants référence. Le tableau (4) nous indique la composition exacte.

Cette formulation est très utilisée dans la pratique. Elle nous a été indiquée par des collaborateurs (J. Pera et J. Amboise) de l'ENSA-Lyon dans le cadre d'une collaboration dans le réseau de Génie civil et Urbain (RGC&U).

Tableau III.5 : formulation du micro béton autoplaçant

Sable	Ciment	Filler	Eau	S.P. (extrait sec)	A.V. extrait (sec)
482.5g	140g	75g	87ml	2.5ml	1.3ml

3. RHEOMETRIE DES SUSPENSIONS

La technologie de rhéomètre est basée sur la science hydraulique et provient des modèles et des outils développés pour des fluides tels que le pétrole et le polymère. Effort de cisaillement le plus généralement utilisé pour mesurer la rhéologie tandis que le fluide mesuré est soumis à un taux de cisaillement imposé.

L'autre côté, la forme tensorielle de la loi de comportement ne peut pas être facilement déduire à partir d'expériences. Il est nécessaire de se rapporter à des écoulements simples (viscosimétriques) pour lesquels l'expression de la loi de comportement se réduit à quelques relations scalaires (contrainte tangentielle et différences de contraintes normales en fonction du gradient de vitesse). L'objet du rhéomètre est de déterminer expérimentalement ces relations. Il faut pour cela effectuer des mesures au sein d'écoulements suffisamment proches des écoulements recherchés en théorie.

Dans cette partie, nous avons détaillé des rhéomètres utilisés pour déterminer généralement une caractérisation rhéologique de la substance (liquide, pâte, mortier, béton).

3.1 LES RHEOMETRES TRADITIONNELLES

Les rhéomètres existants se divisent en trois grandes catégories d'après le régime mesuré : les rhéomètres fonctionnant en régime permanent (type de Couette et Poiseuille), les rhéomètres en régime transitoire (rhéomètres à fluage ou relaxation) et les rhéomètres en mode dynamique (oscillatoire).Les principales géométries peuvent être classées en deux catégories : les géométries rotatives (cylindres coaxiaux, cône-plan, plan-plan ou plan parallèles) et les conduites (capillaire, canal à surface libre). Le descriptif et le mode de fonctionnement de ces appareils sont donnés dans les ouvrages traitant de la rhéologie [117,118].

Les rhéomètres de type Couette, tels le viscosimètre à cylindres coaxiaux, le rhéomètre cône-plan et plan-plan,...sont les plus couramment utilisés pour mesurer la rhéologie de la pâte et des suspensions petites grains. Leur principe consiste à imposer au fluide de s'écouler entre deux surfaces solides, l'une mobile (en général en rotation) et l'autre fixe. On peut imposer des vitesses de rotation et mesurer les couples correspondants, c'est le cas "vitesse de déformation imposée". A l'inverse "contrainte imposée".

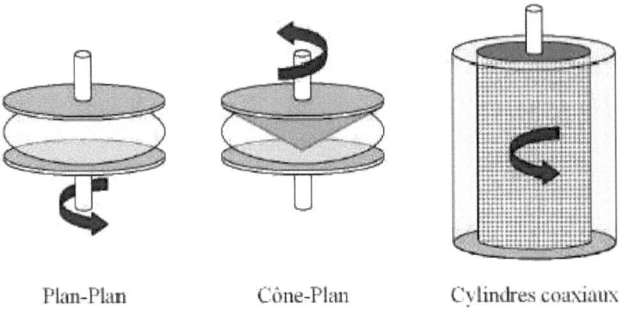

Plan-Plan　　　　Cône-Plan　　　　Cylindres coaxiaux

Figure III.2 : Géométries *de cisaillement de type Couette.*

Avec le béton, plusieurs rhéomètres à béton de différents types ont été développés au cours de ces dernières années. Généralement, les méthodes de mesure rhéologique pour le béton se divisent en 4 catégories:

- Ecoulement confiné (Confined flow) : Le matériau s'écoule sous son propre poids ou sous une pression appliquée par un orifice étroite. L'orifice est défini comme une ouverture approximativement égale à trois à cinq fois la grande dimension particulaire maximum. Parce que les agrégats bruts sont souvent de l'ordre de 30 mm, l'orifice doit typiquement être de 90 mm à 150 mm de diamètre. Les méthodes d'écoulement confinées incluent le cône d'écoulement, les capacités dispositifs de remplissant, l'essai d'écoulement par une ouverture et l'appareillage d'Orimet.

- Ecoulement libre (Free flow) : Le matériau s'écoule sous son propre poids sans confinement ou un objet pénètre le matériau par le tassement gravité. Les méthodes d'écoulement libertés se composent l'étalement, l'étalement modifié, tige pénétrante et viscosimètre de tube rotatif.

- Vibration : Le matériau s'écoule sous l'influence de la vibration imposée. La vibration est appliquée par la table de vibration (Ve-Be time and remoulding test), par une chute de la table supportée le matériau (DIN slump cone test), ou par une vibration extérieure (LCL apparatus) ou par une vibration intérieure (settling method).

- Rhéomètre rotatif (Rotational rheometer) : Les premiers appareils ont été inspirés par le viscosimètre à cylindres coaxiaux. A partir des années 70, Uzomaka [119] et Murata et Kikukawa [120] ont commencé à appliquer le principe du viscosimètre à cylindres coaxiaux au bétons. Puis, Tattersal (1990) [89] a proposé un appareil de type malaxeur (Hobart) muni d'un wattmètre (two-point test) et donc l'agitateur est une tige en forme de crochet. Plus tard, Banfill (1991) [122], la tige a été remplacée par un cylindre garni de pale sous une forme hékicoidale interrompue (le viscoder).

Se basant sur le "two point test" appareil, Wallewik et Gjorv (1990) [123], ont développé un appareil (le viscosimètre BML), qui se rapproche davantage du viscosimètre à cylindres coaxiaux. Ensuite, l'apparition du BTRhéom (ENPC) [47] (viscosimètre plan-plan) et du Cémagref-Img [124] (viscosimètre à cylindres coaxiaux à entrefers variés).

En conclusion, les rhéomètres rotatifs se composent: BML (Iceland), BTRHEOM (France), CEMAGREF-IMG (France), IBB (Canada), Two-point (UK).

3.2. DIFFERENTES GEOMETRIE UTILISEES POUR LES MATERIAUX GRANULAIRES

Dans ce paragraphe, on passe en revue les principales géométries utilisées pour l'étude des On présente d'abord les calculs à effectuer pour déduire les éléments recherchés concernant la loi de comportement, puis on examine les avantages et inconvénients de chaque géométrie [125,126].

3.2.1 Rhéomètre cône-plan

La géométrie cône-plan est constituée d'un disque et d'un cône tronqué de même diamètre et dont le sommet fictif est situé sur le disque. Le cône et le disque sont coaxiaux et animés d'un mouvement de rotation autour de leur axe commun à une vitesse relative Ω. Le matériau est placé en général sur le disque puis le cône est progressivement rapproché à la distance appropriée.

La géométrie cône-plan est celle qui permet d'obtenir un cisaillement le plus proche du cisaillement idéal entre deux plans parallèles en mouvement relatif de translation. Son avantage principal réside dans le fait que le gradient de vitesse reste homogène tant que l'angle du cône reste faible (inférieur à 6° environ). Le gradient de vitesse local est déterminé en tenant compte de l'épaisseur locale h(r) vaut:

$$\dot{\gamma} = \frac{\Omega r}{h(r)} = \frac{\Omega}{\tan \alpha} = \frac{\Omega}{\alpha}$$

Et la relation entre le couple total appliqué sur l'axe (C) et la contrainte τ:

$$\tau(\dot{\gamma}) = \frac{3C}{2\pi R^3}$$

Un autre avantage de cette géométrie, comme de la géométrie plan-plan, est la possibilité qui est offerte d'observer le cisaillement du matériau par l'intermédiaire de la surface libre qui se trouve à la périphérie et d'observer facilement l'état du matériau juste après une expérience, notamment en "disséquant" le fluide restant sur chaque outil après séparation. De plus, cette géométrie permet de tester de petits volumes de matériau avec une mise en place et un nettoyage aisés.

L'utilisation de cette géométrie peut cependant poser quelques problèmes, notamment avec des suspensions. Le cône doit être tronqué pour éviter le contact direct avec le disque. Il en résulte qu'il existe une région de fluide comprise entre deux disques en mouvement relatif de rotation autour du même axe. Cette région tronquée introduit donc en théorie une erreur négligeable. Toutefois, si l'écart entre les outils est trop faible, des coincements peuvent se produire, un ou plusieurs grains formant une sorte de pont plus ou moins rigide, à vitesse donnée, on remarque alors de brusques sautes du couple mesuré. Outre les phénomènes perturbateurs qui peuvent tous survenir avec ces géométries, un problème commun à cette géométrie et à la géométrie plan-plan réside dans les effets de bord susceptibles de perturber les mesures.

De manière générale, l'utilisation de cette géométrie pour des suspensions grossières reste problématique parce qu'il conduit à utiliser des outils d'un très grand diamètre [116].

3.2.2 Rhéomètre plan-plan

Cette géométrie est la plus simple qui puisse être conçue. Elle est composée deux disques coaxiaux en rotation relative. Les avantages de cette géométrie, comme la précédente, résident dans la faible quantité de fluide à utiliser et dans une mise en place et un nettoyage aisés. De plus, l'entrefer (espace entre les deux disques) de cette géométrie n'est pas fixe et peut être réglé à l'épaisseur souhaitée. Cela permet donc de tester des matériaux contenant des particules plus grossières. Néanmoins, la géométrie plan-plan ne permet pas de contrecarrer les variations du gradient de vitesse au sein de l'échantillon en fonction de la distance par rapport à l'axe central. On a :

$$\dot{\gamma} = \frac{\Omega r}{H}$$

La formulation de la relation entre la contrainte et gradient de vitesse est:

$$\tau(\dot{\gamma}) = \frac{3C}{2\pi R^3} + \frac{\dot{\gamma}_R}{2\pi R^3} \frac{dC}{d\dot{\gamma}_R}$$

L'inconvénient majeur de cette géométrie réside en revanche dans la variation du gradient de vitesse entre une valeur en théorie nulle près de l'axe et une valeur maximum à la périphérie [116]. On a donc un gradient de vitesse très hétérogène (nul au centre et maximal à la périphérie) dans l'échantillon. En outre, il ne faut pas utiliser un trop grand entrefer si l'on veut réduire la surface libre, et par conséquent les effets de bords et le phénomène d'évaporation qui en découlent.

3.2.3 Rhéomètre à cylindres coaxiaux

Cette géométrie est constituée de deux cylindres coaxiaux en rotation relative. Le matériau est placé dans l'intervalle entre ces deux cylindres, ce qui rend sa mise en place un peu moins aisée que pour les autres géométries, ainsi que son nettoyage. Son avantage principal réside dans la possibilité d'étudier des matériaux très fluides, ne pouvant pas rester au sein des géométries planes au cours des essais.

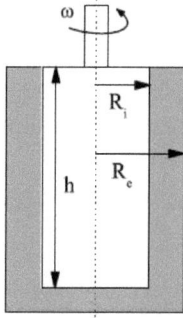

Figure III.3 : Géométrie de Couette cylindrique.

Un des inconvénients majeur de cette géométrie réside dans l'hétérogénéité de la contrainte appliquée le long de cylindres fictifs entre les deux cylindres solides, en fonction du rayon de ces cylindres [116]. La relation reliant le couple à la contrainte s'écrit :

$$\tau = \frac{C}{2\pi r^2 h}$$

où : h représente la hauteur d'immersion du cylindre intérieur, r le rayon et C le couple.

Par conséquent, la contrainte varie de manière proportionnelle à l'inverse du carré du rayon et donc plus l'entrefer est large plus la variation est importante. Il en résulte que le gradient de vitesse n'est pas homogène dans l'intervalle entre les cylindres. Mais, en faisant l'hypothèse que l'espace entre les deux outils est faible (Re − Ri << Ri) il vient :

$$\tau \approx \frac{C}{2\pi R_i^2 h}$$

et

$$\dot{\gamma} \approx \frac{\Omega R_i}{R_e - R_i}$$

où Ri et Re sont respectivement les rayons intérieur et extérieur, Ω la vitesse de rotation du cylindre intérieur.

On a jusqu'ici laissé de côté les problèmes résultant de la géométrie particulière entre le fond du cylindre intérieur et le cylindre extérieur. En pratique, on peut donner différentes formes à cette géométrie:

* Les fonds des deux cylindres sont en contact à l'aide d'un joint, on doit alors déterminer les frottements résultants pour les soustraire des efforts totaux enregistrés en présence d'un fluide entre deux cylindres.

* Le cylindre intérieur est évidé sur une certaine distance, on utilise alors la tendance à la rétention, dans ce vide, d'une poche d'air lors de la mise en place mentionnée plus haut. De cette façon l'effort induit spécifiquement par le fond est négligeable car il correspond au cisaillement d'une couche d'air (c).

* Le fond du cylindre intérieur forme avec le cylindre extérieur une géométrie cône-plan (b) ou plan-plan. On peut alors utiliser les calculs des paragraphes précédents pour corriger la contrainte déduite de la mesure du couple. Ceci ajoute évidemment à la complexité de la détermination de la loi de comportement. Il est donc préférable de minimiser cet effet de fond.

* En outre, il y a un autre type de géométrie de cylindres coaxiaux, c'est double-gap (a). Il est utilisé pour mesurer les fluides très peu visqueux, parce qu'il augmente la surface contact total entre les fluides et les cylindres solides, donc augmente généralement l'exactitude de la mesure.

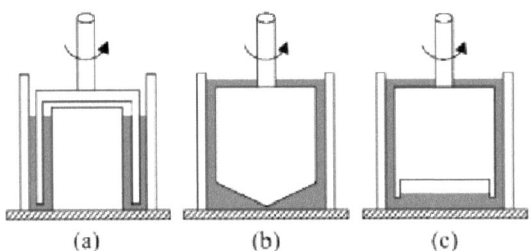

Figure III.4 : Les différentes géométries des cylindres coaxiaux

3.3 RHEOMETRE UTILISEE POUR LES ESSAIS

Pour caractériser les propriétés rhéologiques des pâtes considérées, nous avons utilisé un rhéomètre à contrainte imposées type AR 2000 figure 2. Afin de minimiser l'influence de la sédimentation sur les mesures rhéologiques, nous avons choisi de travailler avec une géométrie de cylindres coaxiaux avec une géométrie de type vane. Par ailleurs, l'intérêt de cette géométrie est que le cisaillement est appliqué de manière uniforme sur la pâte. Le diamètre du cylindre intérieur est de 28 mm et celui du cylindre extérieur de 45 mm. Cela donne un entrefer de 8.5 mm, qui est ainsi quatre fois plus grand que la taille des plus gros grains constituant le mortier (sable, ciment et fillers) (de l'ordre d'autour de 2 mm) [132].

Il est possible d'effectuer quatre types de mesures :
- à vitesse de cisaillement imposée,
- à contrainte de cisaillement imposée

- à déformation imposée
- des oscillations avec les trois modes précédents
- Le rhéomètre rotatif nous permet ici de déterminer :
- Le seuil de cisaillement τ_o.
- La viscosité apparente μ en fonction de la vitesse de cisaillement (rhéogramme) et du temps t (thixotropie).

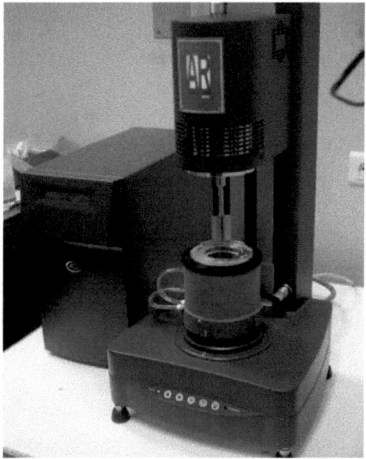

Figure III.5 : Rhéomètre *AR 2000*

Les essais ont été réalisés à 20°C (± 1°C) grâce à un système de circulation de l'eau autour du cylindre extérieure et à 15mn après malaxage avec toutes les pâtes. Pour éviter le phénomène de l'évaporation de l'eau de la pâte mesuré, tous nos essais ont été couverts. Notre objectif est de voir comment évoluent les propriétés d'écoulement de la pâte si l'on s'écarte de cette formulation en modifiant la proportion des adjuvants.

3.3.1 Équipements:

Les mesures rhéologiques, sont faites à l'aide d'un rhéomètre à contraintes imposes de type (AR2000 de TA Instruments) équipé d'une géométrie type Vane (Figure 6). La géométrie Vane est reconnu comme adéquates pour les suspensions granulaires, tels que les mortiers [13-14], le glissement peut être évitée, le matériau sera cisaillé en volume et l'influence de l'aspect discret de la suspension sur la rhéologie des mesures peuvent alors être ignorée. Le taux de cisaillement et la contrainte de cisaillement sont déduits du couple et de la vitesse de rotation du mobile à ailettes en le calibrant avec un fluide newtonien.

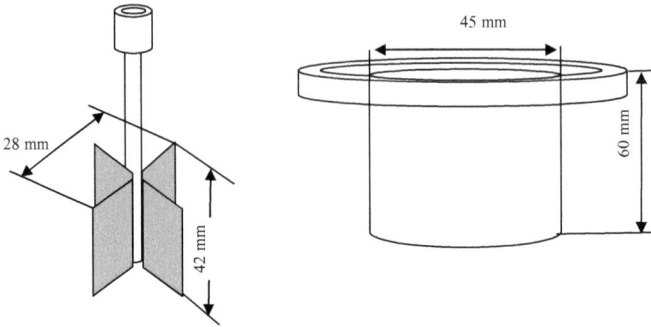

Figure III.6 : géométrie Vane

3.3.2 Procédure de mesure

Pour assurer la reproductibilité des essais, la suspension est introduite dans le système de mesure à l'âge de 15 minutes. Un pré-cisaillement à 200 s^{-1} pendant 2mn et appliqué à toutes les pates, les caractéristiques rhéologiques mesurées ont été entreprises au cours de la période pendant laquelle le taux d'hydratation est très faible et ce pour négliger son effets sur la rhéologie.

L'état d'équilibre est déterminé en soumettant le matériau à des cycles d'augmentation-diminution du taux de cisaillement. Une estimation de l'état d'équilibre est obtenue dans les boucles de 4-5. La figure III.7, illustre l'état d'équilibre (cas de la pâte de ciment de référence). Pour chaque formulation, les paramètres rhéologiques rapportés ici correspondent à des valeurs moyennes sur une période d'au moins 5 essais réalisés sur une pâte fraîchement préparés.

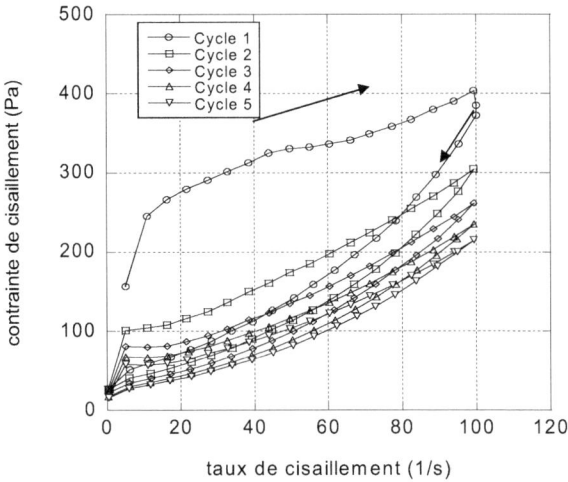

Figure III.7: illustration de l'état d'équilibre.

4. RESULTATS ET INTERPRETATIONS

4.1 COMPORTEMENT RHEOLOGIQUE DES PATES DE CIMENT.

Sur la figure III.8, on montre le rhéogramme de la pâte de ciment autoplaçante, son comportement rhéologique suit une loi de comportement rhéologique viscoplastique rhéoépaississant de type Herschel-Bulkley.

Ce modèle s'exprime par:

$$\tau = \tau_o + b(\dot{\gamma})^c$$

Où: τ_o est le seuil de cisaillement, b et c deux constantes du modèle (paramètres caractéristiques de l'écoulement rhéologique). Nous voyons que quand c = 1 et $\tau_o \neq 0$, nous retrouvons le cas Binghamien. Quand c = 1 et $\tau_o = 0$, nous retrouvons le cas Newtonien. En variant la constante c et le seuil de cisaillement τ_o, on peut tenter d'exprimer les fluides rhéoépaississants et rhéofluidifiants

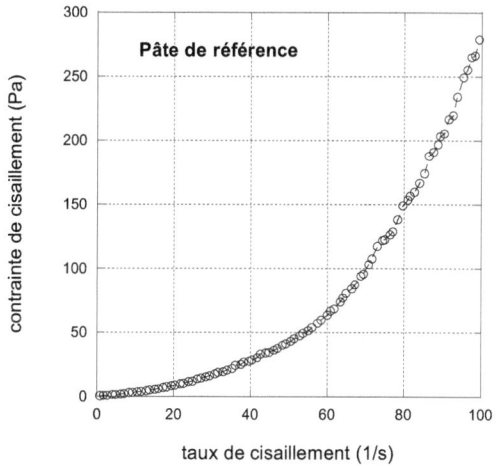

Figure III.8 : rhéogramme de la pâte de ciment autoplaçante de référence.

Ce genre de résultats a déjà été reporté dans la littérature. [110, 102,101].

4.2.1 : influence de l'agent de viscosité sur la rhéologie

Sur la figue III.9, on montre les rhéogrammes pour différentes concentration en agent viscosifiant, à première vue le comportement de toutes les pâtes est viscoplastique rheoépaississant, en regardant l'évolution de la viscosité différentielle en fonction de taux de cisaillement, on s'aperçoit que l'écoulement à faible taux de cisaillement et à fort taux de cisaillement est différent.

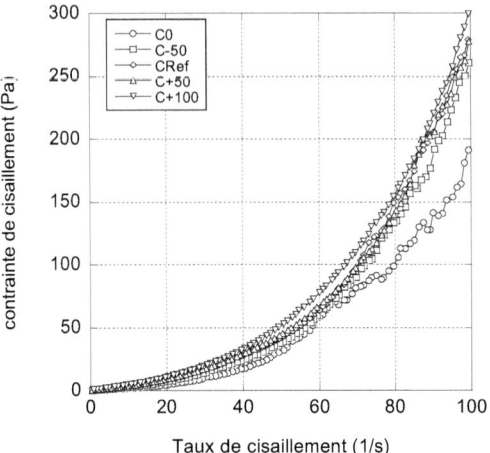

Figure III.9 : différents rhéogrammes

L'influence du dosage de l'agent viscosifiant (A.V.) est assez faible. Cela a été reporté dans la littérature [110] sur le fait que le comportement rhéologique d'une telle suspension granulaire est dominé par la phase granulaire, alors que l' A.V. l'influence principalement sur la phase liquide. L'effet du dosage de A.V. dépend qualitativement de l'intervalle du taux de cisaillement, en accord avec les résultats rapportés par d'autres auteurs [145]. Cette question sera discutée plus en détail ci-dessous lors de l'analyse des paramètres rhéologiques.

La figure III.10, représente l'évolution de la viscosité différentielle en fonction du taux de cisaillement, qui est défini ici comme étant la dérivée de la contrainte de cisaillement τ en fonction du taux de déformation $\dot{\gamma}$, pour différents taux de cisaillement. Il est à noter que nous utilisons la viscosité différentielle apparente au lieu de la viscosité (contrainte de cisaillement divisé par le taux de cisaillement), car c'est la pente de la courbe qui détermine la sensibilité de la contrainte à la variation des taux de cisaillement.

La figure III.10, montre que les pâtes de ciment contenant A.V. sont rhéo-épaississantes (la viscosité différentielle augmente avec le taux de cisaillement) dans l'ensemble de l'intervalle considéré des taux de cisaillement. D'autre part, le zoom-inséré dans le diagramme de la figure 7 montre que le comportement rhéologique de la pâte de ciment sans VMA n'est pas monotone. Cette pâte est rheofluidifiante à faible taux de cisaillement et rhéo-epaississante à taux de cisaillement élevé. Entre les deux, il ya un faible intervalle de taux de cisaillement dans lequel la pâte est approximativement newtonienne.

le comportement rhéofluidifiant s'apparente à l'aspect floculées et enchevêtré des solutions de polymères. Ce comportement est généralement attribué, à la défloculation induite par le cisaillement dans l'ancienne configuration et aux désenchevêtrement de chaînes de polymères.

Le comportement rhéoépaississant est généralement attribué aux interactions répulsives entre les particules colloïdales et non- colloïdales dans le cas de suspensions [136] et le cisaillement induit de la structure dans les solutions de polymères.

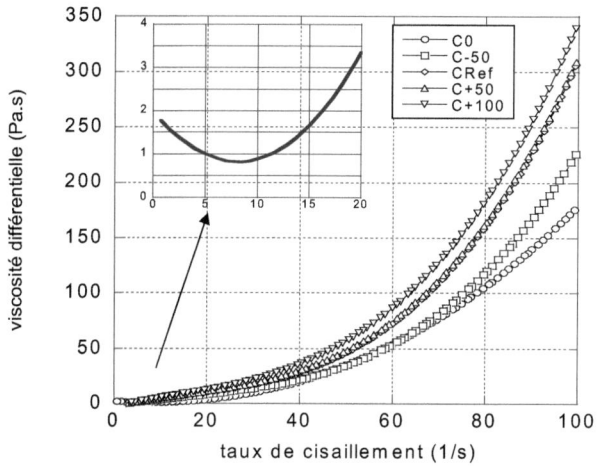

Figure III.10 : la viscosité différentielle en fonction de taux de cisaillement des pâtes de ciments autoplaçante pour différent dosage en agent viscosifiant : le zoom représente le comportement à faible taux de cisaillement pour une pates sans agent viscosifiant.

4.2.2 Influence sur les paramètres rhéologiques :

Les paramètres rhéologiques intrinsèques des pâtes de ciment, sont déterminés en faisant un lissage des points expérimentaux des rhéogrammes. Le modèle de lissage est celui de Herschel-Bulkley (H.B)

$$\tau = \tau_0 + k\dot{\gamma}^n,$$

Où τ représente la contrainte de cisaillement, τ_0 le seuil d'écoulement, $\dot{\gamma}$ le taux de cisaillement, k la consistance et n l'indice de fluidité.

Considérant le cas de la pâte de ciment sans l'ajout de l'agent viscosifiant (C0), son rhéogramme et représenté sur la figure 8. Le lissage avec le modèle d'Hershel-Bulkley nous mène aux paramètres rhéologiques suivant ; τ_0=-0,07 Pa et n=2,37. le lissage des points expérimentaux avec le modèle de Hershek-Bulkly est très bon, le coefficient de corrélation R^2= 0,9971, seulement on obtient des valeurs du seuil de cisaillement qui n'ont aucun sens physique (valeur négatives), et un indice de fluidité n>1, ce qui correspond à un comportement rhéoépaississant ce qui est généralement rapporté dans la littérature [148].

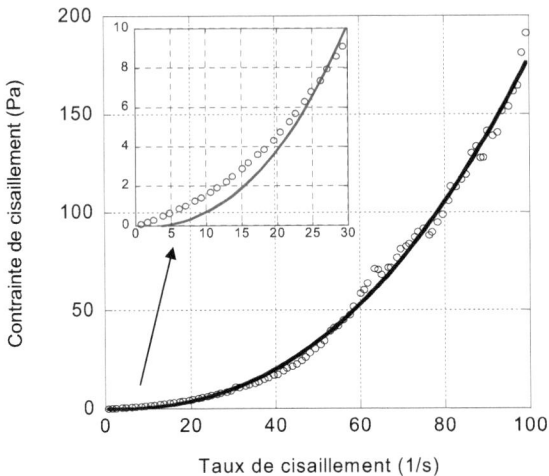

Figure III.11 : le rhéogramme de la pâte C0 : (o) les points expérimentaux, (-) le lissage par le modèle Hershel-Bulkley, la figure insérée représente le rhéogramme à faible taux de cisaillement.

Toutefois, comme il est montré par le zoom inséré dans la figure III.11, il existe un écart important entre le modèle de Hershel-Bulkley et le rheogramme expérimental dans la zone non-linéaire à faible taux de cisaillement. Pour surmonter ce problème, dans le cas où le comportement rhéologique n'est pas monotone, l'ajustement avec le modèle (H.B) est réalisé séparément, dans la zone rhéofluidifiante et rhéoépaississante. Faire le lissage avec le modèle de (H.B) de cette manière, est bien meilleur. Afin de déterminer le seuil d'écoulement dynamique, il semble évident que l'on doit envisager le comportement rhéologique à de faibles taux de cisaillement. La partie rhéofluidifiante du rheogrammme (jusqu'à 8 s-1), est déterminé par l'évolution de la viscosité différence (Figure III.10), le lissage avec le modèle de (H.B) est excellent, le coefficient de corrélation est 0,99998. Les paramètres rhéologiques intrinsèques à faible taux de cisaillement sont donc : τ_0 = 0,09159 Pa et n = 0,94 (<1). Le matériau est en effet rhéofluidifiant (n <1) et le seuil d'écoulement est proche de celle qui peut être déterminé en faisant tendre $\dot{\gamma}$ vers zérro, et il est positif.

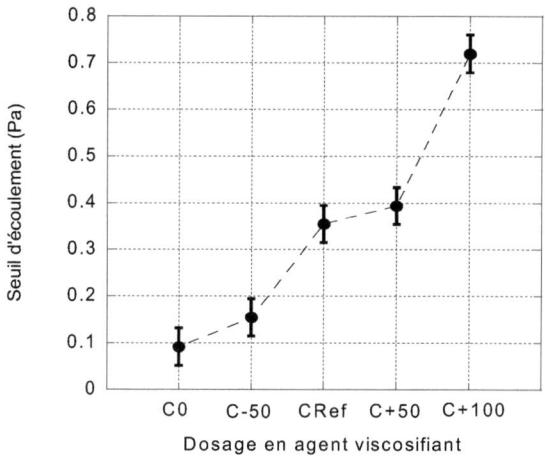

Figure III.12 : seuil d'écoulement en fonction du dosage en agent viscosifiant (A.V.)

La figure III.12, représente l'évolution du seuil d'écoulement en fonction du dosage de l'agent viscosifiant contenu dans la suspension des pâtes de ciment autoplaçante, les barres d'erreurs représentées correspondent à un intervalle de confiance de 90%.

La variation de seuil d'écoulement est intimement proportionnelle au dosage de A.V., ce type de résultat est déjà rapporté dans la bibliographie [145, 110]. Un tel comportement peut être attribué à l'enchevêtrement des chaines de polymère (A.V.) à faible taux de cisaillement.

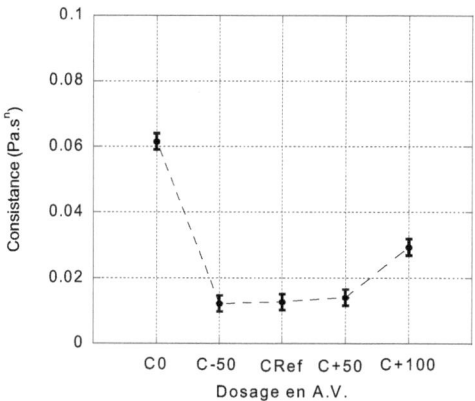

Figure III.13 : Evolution de la consistance en fonction de dosage de A.V. dans la zone rhéoépaississante (taux de cisaillement élevée)

Contrairement au seuil de cisaillement, l'évolution de la consistance dans la zone rhéoépaississante n'est pas monotone, elle diminue au début, puis elle augmente par la suite.

Ce type de comportement est déjà rapporté dans la littérature, dans le cas d'un autre type de matériau cimentaire, il est attribué en particulier à l'effet de l'air entrainé par les polymères. On peut aussi invoquer le fait que le polymère peut effectivement jouer un rôle ambigu. D'une part, il peut augmenter la viscosité de l'eau de gâchage, par conséquent la viscosité de la pâte de ciment, d'une autre part, il peut lubrifier les contactes entres les particules solides conduisant à diminuer la viscosité de la pâte. La concurrence entre les deux aboutirait au comportement signalé précédemment sur la figure 10. Une question similaire à été posée dans un autre cas de modèle de suspensions [146]

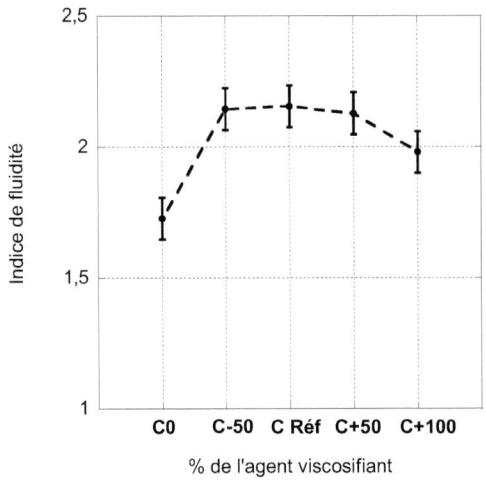

Figure III.14 : évolution de l'indice de fluidité en fonction du dosage en A.V.

De même que dans le cas de la consistance, l'évolution de l'indice de fluidité (dans la zone rhéoépaississante) n'est pas monotone, une valeur maximale est observée autour de la pâte de référence voir la figure III.14. Ceci aussi peut être attribué au rôle double joué par le polymère (agent viscosifiant), d'une part la solution aqueuse de polysaccharide favorise le comportement épaississant au taux de cisaillement élevé [147] et, d'autres parts, son effet de lubrifiant diminuerait le contact granulaire.

L'influence de l'ajout de l'agent viscosifiant sur les paramètres rhéologique intrinsèque des pâtes de ciment, à savoir, le seuil de cisaillement, la consistance et l'indice de fluidité, est résumé dans le tableau 1 suivant :

Tableau III.6 : paramètres rhéologique en fonction de A.V.

Dosage de l'agent viscosifiant	Seuil d'écoulement	Consistance		Indice de fluidité	
		Partie rhéofluidifiante	Partie rhéoépaississante	Partie rhéofluidifiante	Partie rhéoépaississante
C0	0,09159	0,33316	0,06157	0,94347	1,7276
C-50	0,15480		0,01216		2,1460
CRef	0,35470		0,01265		2,1565
C+50	0,39410		0,01403		2,1299
C+100	0,72010		0,02940		1,9819

4.2 COMPORTEMENT RHEOLOGIQUE DES MORTIERS DE CIMENT.

4.2.1 Influence de l'agent de viscosité sur la rhéologie

La composition du mortier de référence (MRef) est consignée dans le tableau 4. Le mortier a été formulé à partir de la pâte de ciment en ajoutant du sable. Le rapport W / C (= 0,4) ont été choisis pour obtenir un mortier auto-nivellement.

La figure III.15 représente les rhéogrammes des mortiers pour différents pourcentage de dosage en agents viscosifiant. Le comportement des mortiers est qualitativement différent de celui des pâtes de ciment. Le zoom inséré sur la figure 11, illustre parfaitement la forme en S des rhéogrammes. De ce fait le comportement rhéologique des mortiers, peut être divisé en trois régions différentes. La représentation de la pente des rhéogrammes, nous permet de déterminer le comportement de chaque zone.

La figure III.15 montre que les mortiers sont rhéofluidifiant à faible taux de cisaillement et rhéoépaississant à taux de déformation élevé. On peut par contre distinguer un comportement approximativement newtonien à taux de cisaillement intermédiaire.

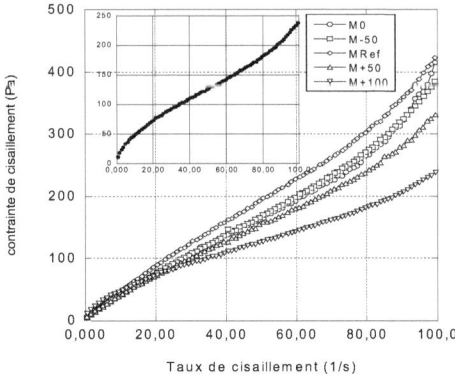

Figure III.15 : courbe d'écoulement des mortiers pour différent dosage en agent viscosifiant.

Les mêmes arguments que dans le cas des pâtes de ciment peuvent être invoqués pour expliquer les différentes caractéristiques rhéologiques de comportements qui sont observés en fonction des intervalles des taux de cisaillement. La principale différence entre les pâtes et les mortiers de ciment est que la zone du comportement rhéofluidifiant est plus large. Cela peut être attribué au fait que les flocs de ciment et polymères (A.V.) sont soumis à un cisaillement localisé dues à la présence de particules de sable, ce qui conduit plus aux défloculation et l'alignement des chaînes de polymère.

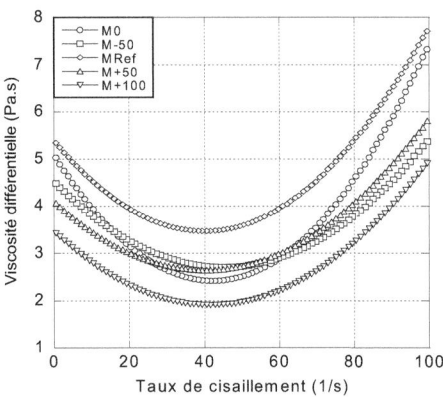

Figure III.16 : variation de la viscosité différentielle en fonction de dosage en (A.V).

4.2.2 Influence sur les paramètres rhéologiques

Afin de déterminer les paramètres rhéologiques intrinsèques des mortiers, on lisse les rhéogrammes par un modèle de Hersche-Bulkley dans différentes zone d'écoulement. Le meilleur lissage nous donne les paramètres porté dans le tableau ci-dessous. Nous avons considéré uniquement la partie rhéofluidifiante et rhéoépaississante, la limite entre les deux est déterminée par le minimum de la viscosité différentielle.

La variation du seuil d'écoulement en fonction de dosage en agent viscosifiant est représentée sur la figure III.17. Contrairement aux pâtes de ciments, le comportement de ce dernier en fonction du dosage n'est pas monotone. En augmentant le pourcentage de l'agent de viscosité, le seuil d'écoulement diminue jusqu'à un minimum avant d'augmenter par la suite, le minimum correspond effectivement à la formulation des mortiers autoplaçants utilisée en pratique (mortier de référence).

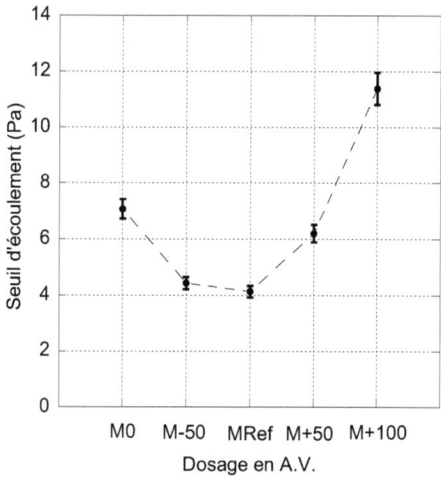

Figure III.17 : variation du seuil d'écoulement en fonction de dosage en A.V.

En considérant la variation du seuil d'écoulement en fonction de dosage en A.V., on peut déterminer une valeur optimale qui nous mènerait à la formulation et l'obtention des propriétés autoplaçante des bétons. L'évolution du seuil, est qualitativement différent entre les mortiers et les pâtes de ciment cela compliquerait d'avantage la transition entre les échelles lors de l'analyse du comportement rhéologique des matériaux cimentaire.

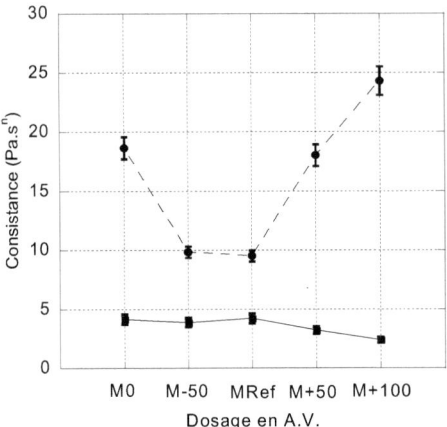

Figure III.18: Influence du dosage en A.V. sur la consistance des mortiers. (●) zone rhéofluidifiante; (■) zone rhéoépaississante.

La figure III.18, représente l'évolution de la consistance en fonction du dosage en A.V., à la fois pour les petit et grand taux de cisaillement. On constate que le comportement de la consistance dans la zone rhéofluidifiante et rhéoépaississante est différent, ce résultat est en concordance avec la littérature [128]. L'existence d'un minimum pour les taux de cisaillement élevé, peut être interprété de la même manière que dans les pâtes de ciment.

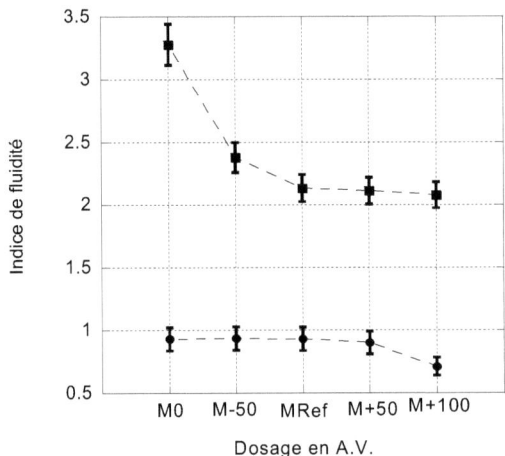

Figure III.19: Influence du dosage en A.V. sur l'indice de fluidité des mortiers. (●) zone rhéofluidifiante; (■) zone rhéoépaississante.

La figure III.19 représente l'évolution de l'indice de fluidité en fonction du dosage en A.V. Contrairement au cas d'une pâte de ciment, l'effet lubrifiant de l'agent de viscosité semble prédominant dans ce cas, ce qui conduit à une diminution monotone de la fluidité en fonction de l'ajout des agents de viscosité.

CONCLUSION

Le comportement rhéologique des pâtes de ciment et des mortiers a été étudié. En général, le comportement rhéologique des pâtes de ciment est très complexe. L'interprétation qualitative des différentes parties des rhéogrammes a été faite. Le lissage des points expérimentaux dans deux zones différentes correspond à des paramètres rhéologiques différents, par conséquent un lissage avec le modèle H.B donne des résultats très précis.

Nous avons considéré en détails l'influence du taux de dosage en AV sur les paramètres rhéologique des matériaux à l'échelle de la pâte et du mortier. On a constaté que l'évolution des paramètres était en général non-monotone, variant autour un extremum qui correspondait au dosage de référence en AV. Ce comportement est attribué au rôle ambigu qui peut être joué par le AV: d'une part il peut augmentez la viscosité de la phase liquide menant à une augmentation de la viscosité de la pâte, d'autre parts il peut lubrifier les contacts entre les particules solides, menant à une diminution de la viscosité de pâte.

Il est plus pratique d'effectuer des études rhéologiques détaillées à l'échelle de pâte de ciment qu'à l'échelle des bétons ou mortiers. La question, souvent soulevée dans la littérature, est alors: peut-on prédire le comportement rhéologique à des échelles de mortier et de béton de celui de l'échelle du ciment? Nos résultats ont montré qu'il existe une différence qualitative entre le comportement rhéologique du ciment et celui du mortier correspondant. Cela indique que la transition entre les échelles est une tâche difficile dans le cas des matériaux cimentaires.

THIXOTROPIE DE LA PATE DE CIMENT

1. INTRODUCTION

La thixotropie correspond à l'un des comportements rhéologiques les plus ou moins bien définis depuis longtemps, qui sont difficile à appréhender. Il était resté relativement à l'écart des courants de recherche les plus populaires au sein des laboratoires universitaires.

Particulièrement, la thixotropie de la pâte de ciment est un domaine mal compris, mais assez important dans son application sur le chantier. Lorsqu'on transporte le béton vers le chantier ou lorsqu'on le coule, le béton subit certaines agitations physique (il est soumis aux contraintes de cisaillement) qui, par la suite diminue sa viscosité, mais lors qu'on arrive au chantier ou l'écoulement du béton est terminé, la reprise de la viscosité est importante pour éviter la sédimentation des granulats. Donc, la thixotropie de la pâte est l'un des paramètres les plus importants dans l'ouvrabilité du béton.

D'un point de vue macroscopique, la thixotropie des matériaux cimentaires concernent particulièrement les bétons autoplaçants à l'état frais [100]. Roussel expose les différentes problématiques rencontrées sur chantier et qui sont liées à la thixotropie des bétons autoplaçants [101]. Indépendamment de la vitesse de coulée du béton ou de la quantité d'armatures dans le coffrage, ces bétons très fluides impliquent des pressions hydrostatiques latérales très élevées sur les coffrages de voiles verticaux par exemple lors de la mise en œuvre. Cependant, la thixotropie de ces bétons, à volumes de pâtes élevées, est relativement importante pour permettre au béton de se figer à la fin du coulage et de supporter la charge du béton qui se trouve au dessus sans augmenter les pressions latérales sur les parois du coffrage [5]. La nature des constituants et la formulation du béton constitue donc un facteur déterminant sur l'intensité des pressions. Il apparaît qu'un surdosage en superplastifiant retarde la prise et augmente sensiblement les pressions hydrostatiques sur les coffrages [102]. Une autre application de la thixotropie des bétons autoplaçants sur chantier concerne le problème des multi-couches. Durant la mise en place du béton autoplaçant, lorsqu'une première couche est coulée, celle-ci a le temps de se restructurer avant le coulage d'une deuxième couche. Si le béton a eu le temps de bien de se restructurer et que son seuil de contrainte apparent devient supérieur à une valeur critique, les deux couches de béton ne pourront pas adhérer. Comme les bétons autoplaçant ne sont pas vibrés sur chantier, cela crée une interface peu résistante entre les deux couches. Par ailleurs, le caractère thixotrope des bétons autoplaçants permet de limiter la sédimentation des granulats les plus lourds à la fin de la mise en œuvre, car la pâte de ciment thixotrope se restructure au repos et son seuil de contrainte apparent augmente suffisamment pour empêcher le tassement des granulats [101].

D'un point de vue microscopique, la thixotropie des matériaux cimentaires dépend des interactions colloïdales pouvant intervenir pour des particules micro et nanométriques dépendamment de leur nature et de leur polarité. La polarité des particules se voit modifiée par la présence des polymères, des adjuvants qui s'adsorbent à la surface des grains et modifient le potentiel zêta des grains de ciment [103], perturbant ainsi le caractère thixotrope des particules de ciment.

Ainsi d'infimes modifications des propriétés physico-chimiques des éléments constitutifs du béton et leurs teneurs peuvent avoir des conséquences considérables sur les propriétés rhéologiques et les comportements microscopiques et macroscopiques des bétons. Une procédure de caractérisation thixotropique à donc été réalisée pour étudier l'influence des agents de viscosités sur la capacité de restructuration, après un cisaillement plus au moins élevé.

2. METHODES EXISTANTES POUR LA CARACTERISATION DE LA THIXOTROPIE

La thixotropie étant un comportement dépendant du cisaillement et du temps, il est souhaitable de maintenir l'un des facteurs constant (le cisaillement) et observer l'évolution de la structure en fonction du temps. Pour caractériser la thixotropie, plusieurs méthodes ont été utilisées. On peut caractériser de manière simple la thixotropie par un indice de thixotropie. Pour mesurer l'indice de thixotropie on se place à gradient de vitesse constant et l'on mesure la diminution de viscosité entre le temps 0 et le temps T. Il s'agit d'une grandeur sans dimension, plus l'indice est élevé, plus le caractère thixotrope est important. Une autre façon de l'évaluation de thixotropie par l'aire comprise entre les courbes d'écoulement montantes et descendantes d'un rhéogramme est également pratiquée, mais c'est une mesure très arbitraire. Cette surface dépend en effet non seulement du volume d'échantillon, de la gamme de gradient de vitesse couverte [104], mais aussi de temps mis à couvrir cette gamme [105]. Par ailleurs, elle ne donne aucune information sur la reprise de la structure thixotrope.

Struble et Huagang [106] utilisent une méthode dynamique pour mesurer la structuration. Le matériau et sujet à des oscillations d'amplitudes de déformations, donc à des oscillations de contraintes de cisaillement dont l'amplitude n'induit pas une déstructuration du matériau et permet ainsi de suivre l'évolution de la structuration dans le domaine viscoélastique. Dans ce domaine viscoélastique, il existe une relation linéaire entre la déformation et la contrainte, ce qui veut dire que le matériau se comporte de façon élastique. Tant que le matériau se trouve dans ce domaine, il est possible de mesurer un degré de structuration sans détruire la structure du matériau.

Suivant les problématiques sur chantier citées plus haut, ce qui importe le plus dans l'évaluation de la thixotropie est la restructuration c'est-à-dire ce qui se passe au repos et comment augmente le seuil de contraint apparent. Bilberg[2005] a développé récemment une méthode de mesure de la vitesse d'augmentation du seuil de contrainte apparent au repos pour les bétons autoplaçants. Les mesures sont effectuées à l'aide d'un rhéomètre qui tourne lentement. Les contraintes de cisaillement statiques et dynamiques sont mesurées dans le but de pouvoir distinguer la floculation réversible (thixotropie) de l'évolution irréversible (vieillissement). Roussel et al [5] utilisent cette méthode et classifient la thixotropie d'un BAP par un taux de floculation A_{thix}. Le béton n'est thixotrope si A_{thix} est inférieur à 0.1 Pa/s, est thixotrope entre 0.1 et 0.5 Pa/s, et est très thixotrope pour des taux supérieur à 0.5 Pa/s.

C'est J.Bouton qui a fait l'association des différentes méthodes avec un enchaînement automatique, comme mesure avec vitesse imposée, contrainte imposée, l'essai fluage pour préciser la structure initiale du matériau, la courbe d'écoulement obtenue par incrémentation progressive de la contrainte permet une bonne mesure du seuil d'écoulement, la boucle d'hystérésis obtenue entre les courbes d'écoulement à vitesse de déformation imposée croissante et décroissante caractérise la déstructuration thixotrope, essai dynamique en oscillation forcée en fonction du temps, sous fréquence constante et faible amplitude de déformation caractérise la restructuration [105].

Aicha F. Ghezal et Kamal H. Khayat [107] ont réalisé des mesures de thixotropie en regardant le comportement de la contrainte de cisaillement en fonction du temps avec un taux de cisaillement constant.

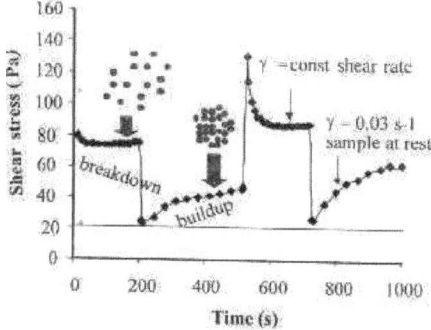

Figure IV.1 : Méthode mesure de la thixotropie de Khayat [107]

Plusieurs recherches ont été menées de cette manière pour caractériser la reprise de la thixotropie [108]

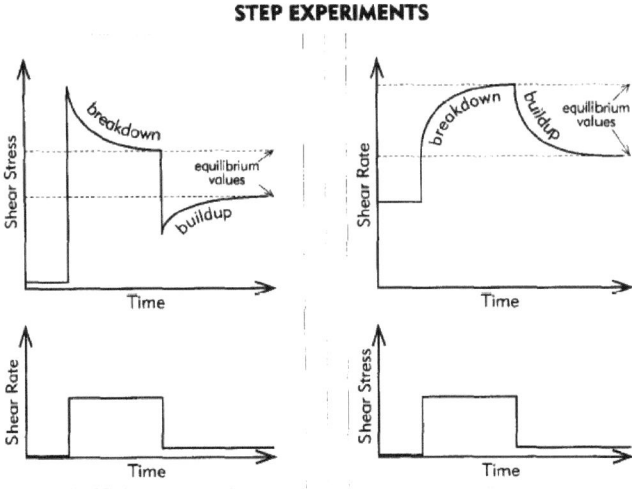

Figure IV. 2 : Autres procédures pour la caractérisation de la reprise de la thixotropie

Les autres procédures établies pour caractériser le comportement thixotropique [Mewis (1979) ; Cheng (1987) ; Coussot (1992) ; Coussot et al. (1993) ; Mas and Magnin (1994) ; Ducerf (1995) ; Pignon et al. (1996)] [109].

3. PROCEDURE EXPERIMENTALE POUR LA MESURE DE LA THIXOTROPIE

3.1. MATERIAUX

Les pâtes de ciment utilisées se composent d'eau du robinet, de ciment Portland CEM I 52.5 P.M. ES CP2 de Teil en France, des fillers calcaires type (PEKETTY A) de distribution granulaire semblable à celle du ciment, des super plastifiants de type Polycarboxylate d'éther (Glenium 27) de Degussa et un agent de viscosité de type polysaccharide (Foxcrete d'AVEBE) dilué à 20% d'extrait sec.

La composition de la pâte de ciment est rapportée dans le tableau 1. La composition rapportée dans ce tableau correspond à la formulation de la pâte de référence, qui est employée dans la pratique pour formuler les bétons autoplaçants. Ici nous considérons le changement des propriétés rhéologiques en changeant la concentration en poids de l'agent de viscosité. Puis, 4 autres pâtes sont préparées en augmentant ou en diminuant le taux de dosage de A.V.. Les 5 pâtes de ciment considérées sont alors: Référence (pâte de référence), REF-50 (obtenu en divisant le taux de dosage de A.V par 2), REF-100 (sans A.V), REF+50 (obtenu en augmentant le taux de dosage de référence de 50%) et REF+100 (obtenu en augmentant le taux de dosage de référence de 100%).

Tableau IV.1: Composition de la pâte de ciment [12-13]

ciment (g)	filler (g)	Eau (g)	SuperPlastifiant (SP) (g)	Agent de viscosité (g)
1000	330	300	7	2

Afin d'assurer la répétitivité et la conformité pour tous les essais, la confection des PAP autoplaçantes doit être faite avec le même processus et les exigences sur le malaxage tableau (2). Un premix constitué de ciment et de filler est d'abord préparé. Une homogénéisation des différents constituants est réalisé avec un malaxage planétaire pendant 5 minutes afin d'obtenir une meilleur répartition des particules fines dans le ciment.

Le malaxage est effectué avec un petit malaxeur à ailette par gâchées d'un litre environs, ensuite on ajoute au mélange le fluide (eau+SP+AV) (le temps de rajout ne doit pas excéder 0.5mn), puis le malaxage du coulis dure 4mn à vitesse lente et 2mn à grande vitesse. La durée totale de malaxage est de 11.5 mn, cette durée élevée permet la désaglomération des fines et de donner un temps d'action suffisant pour le superplastifiant.

Tableau IV.2 : Procédure de fabrication de la pâte

Operations	Ciment+Filler introduction	Eau+SP+AV addition	Malaxage vitesse lente	Malaxage vitesse rapide
Temps (mn)	**5**	**0,5**	**4**	**2**

3.2. PROTOCOLE D'ESSAI

La méthodologie utilisée pour caractériser la thixotropie réside dans le suivi de l'évolution de la viscosité et/ou la contrainte de cisaillement dans le temps suite à des cisaillements constants. La figure 2 représente le protocole d'essai utilisé pour étudier la déstructuration à des taux de cisaillement élevés (200 1/s) et la restructuration au repos. Afin de permettre au matériau de se restructurer au repos (pour adapter la définition précise de la thixotropie), le matériau en question est soumis à un taux de cisaillement très faible 0,01 (1/s) pendant cette période.

L'appareil utilisé est un rhéomètre à contrainte imposées type AR 2000 de TA instrument. Afin de minimiser l'influence de la sédimentation sur les mesures rhéologiques, nous avons choisi de travailler avec une géométrie de cylindres coaxiaux de type Vane figure. Par ailleurs, l'intérêt de cette géométrie est que le cisaillement est appliqué de manière uniforme sur la pâte. Le diamètre du cylindre intérieur est de 28 mm et celui du cylindre extérieur de 45 mm.

Les essais ont été réalisés à 20°C (± 1°C) grâce à un système de circulation de l'eau autour du cylindre extérieure. Pour éviter le phénomène de l'évaporation de l'eau de la pâte mesuré, tous nos essais ont été couverts. Notre objectif est de voir comment évoluent les propriétés d'écoulement (thixotropiques) de la pâte si l'on s'écarte de la formulation de référence en modifiant la proportion des adjuvants.

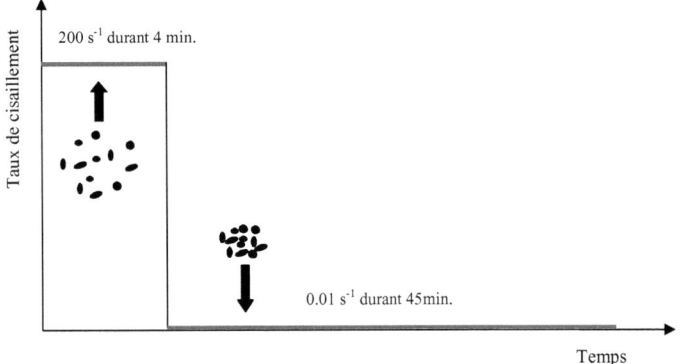

Figure IV.3 : protocole d'essai.

4. RESULTATS DES ESSAIS ET INTERPRETATIONS

La figure 3 représente l'évolution temporelle de la contrainte de cisaillement lorsque la pâte est soumise à une vitesse de cisaillement relativement élevée (200 s^{-1}), ce qui correspond à la déstructuration de la microstructure. Comme on peut le voir sur la figure 3, dans le cas des pâtes contenant des agents de viscosité, la modélisation de la déstructuration de la microstructure peut être bien approximer par la somme de deux exponentielles. Le coefficient de corrélation du lissage est dans tous les cas très proche de 1 (0,999). Pour les pâtes sans agent de viscosité une simple exponentielle s'est avérée suffisante pour le lissage de la déstructuration. Ce résulta peut être interprété en termes de concurrence entre les contraintes de cisaillement du mélange (ciment, des fillers) et les contraintes Browniennes de la partie colloïdale des particules. En présence de l'agent de viscosité, le polymère a un rôle double, d'une part, l'alignement des chaines de polymère sous cisaillement, d'autre part, la relaxation vers l'entropie maximale en raison du mouvement brownien.

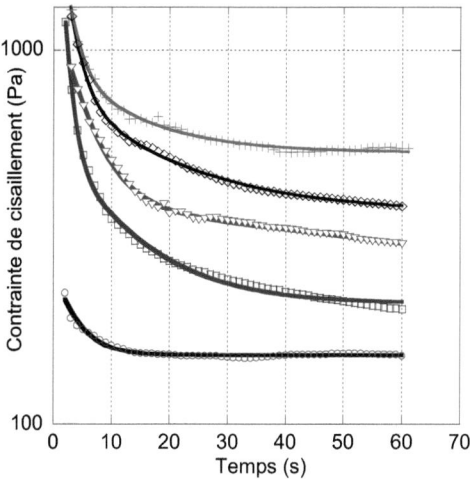

Figure IV.4 : Evolution de la contrainte de cisaillement en fonction du temps pour différents dosages en agents de viscosité au taux de cisaillement relativement élevé ($200s^{-1}$).
En ligne continue, représente le meilleur lissage par une double exponentielle régressive.
○ :Ref-100%, □ Ref-50%, △: Réf, ◇ : Réf+50%, + : Réf+100%.

On peut alors supposer que la déstructuration dynamique est régie par deux temps caractéristiques principaux. Ensuite, il est facile de montrer, en utilisant un modèle de thixotropie, que l'évolution temporelle de la contrainte de cisaillement peut être modélisée par une somme de deux exponentielles. Ce qui corrobore avec les résultats expérimentaux indiqués sur Figure 3. Un grand nombre modèles de thixotropie plus ou moins sophistiqués ont été rapportés dans la littérature [14, 15, 16, 17]. En général ils s'appuient sur l'idée que l'état de structure interne du matériau évolue au cours du temps. Pour comprendre le phénomène de la thixotropie, le modèle le plus simple doit contenir au moins un paramètre λ qui caractérise le degré de structuration et/ou déstructuration de la microstructure du matériau à un moment donné et à un taux de cisaillement donné.

En générale, λ augmente au repos (le matériau se « restructure ») il prend sa valeur maximale $\lambda=1$, on dit que le matériau est complètement restructuré et il prend sa valeur minimale $\lambda=0$, quand le matériau est complètement déstructuré).

L'évolution du paramètre λ est dépendant de la restructuration de la microstructure, modélisée par le temps caractéristique t, et la déstructuration de la microstructure dont la cinétique peut être proportionnel au taux de cisaillement.

En analysons les résultats expérimentaux, nous constatons que la restructuration est dépendante au moins de deux temps caractéristiques différents t_g et t_p correspondant respectivement au temps moyens de relaxation granulaire et polymère (agent de viscosité). Cette hypothèse est motivée par le fait qu'on a un seul temps caractéristique pour les pâtes de ciments autoplaçantes sans agent de viscosité. Nous pouvons alors écrire :

$$\frac{d\lambda}{dt} = \frac{1}{t_g} + \frac{1}{t_p} - \lambda \dot{\gamma} \qquad (1).$$

Ceci correspond au modèle de thixotropie le plus simple, proposé il y a longtemps par Moore [18]. En particulier; ce modèle simple ne prend pas en considération certaine agrégation induite par le cisaillement.

Pour un taux de cisaillement donné, la contrainte de cisaillement peut être approximée par : $\sigma = \alpha\lambda = \alpha(\lambda_g + \lambda_p)$ où le coefficient α est une constante, λ_g et λ_p indiquent respectivement le degré de contributions de la structuration et/ou déstructuration de la microstructure granulaire et polymère. La résolution de l'équation (1), nous mène au comportement transitoire suivant :

$$\sigma = \sigma_g + \sigma_p = \sigma_g^0 + (\sigma_g^0 - \sigma_g^\infty)^{\frac{-t}{t_g}} + \sigma_p + (\sigma_p^0 - \sigma_p^\infty)^{\frac{-t}{t_p}} \qquad (2).$$

Où les exposants 0 et ∞ représentent les valeurs de la contrainte à l'état initial et à l'état d'équilibre.

Le meilleur lissage des données expérimentales de la relaxation de la contrainte de cisaillement nous permet de déterminer les valeurs des temps de relaxation pour les différentes pâtes considérées. Elles sont rapportées dans le tableau 3.

Tableau IV.3 : Différents temps caractéristiques dans le cas de la déstructuration de la microstructure

	$\tau_g(s)$	$\tau_p(s)$	$\tau_r(s)$
REF-100	3,77	-	2382,1
REF-50	1,30	11,64	1062,2
REF	0,77	7,5	760,28
REF+50	2,2	17,95	642,29
REF+100	1,95	12,43	555,09

On peut noter que les temps de relaxation des polymères sont d'un ordre de grandeur plus grand que ceux des granulaires. Ceci peut être attribué à la masse moléculaire du polymère.

L'évolution des temps caractéristiques de la déstructuration de la microstructure n'est pas monotone. On peut observer une valeur minimale pour la pâte de référence. La raison d'une telle évolution en fonction de l'agent de viscosité n'est pas claire. Ce point demande plus d'investigation.

La figure 5 représente une évolution temporelle typique de la contrainte de cisaillement quand la pâte est au repos (taux de cisaillement très faible) après un cisaillement relativement élevé (200 s^{-1}). L'exemple de la figure 5 correspond à la pâte de référence. Les résultats pour les autres pâtes sont similaires (figure 6).

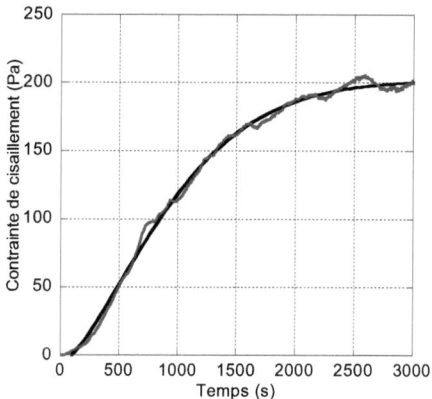

Figure IV.5 : Evolution temporelle typique de la contrainte de cisaillement au repos (0,001 s^{-1}) après un cisaillement relativement élevé (200s^{-1}).

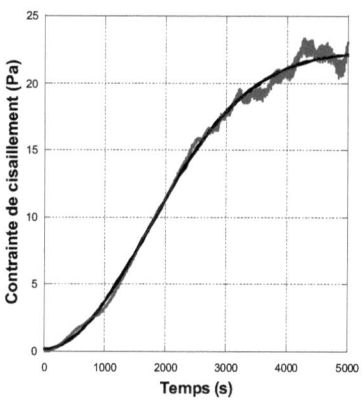

(a)

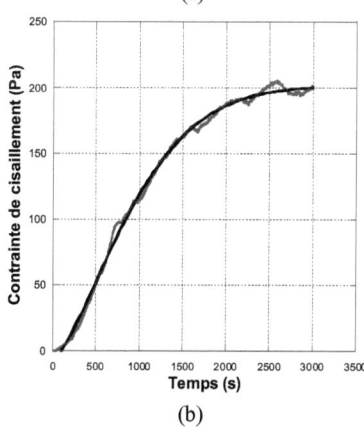

(b)

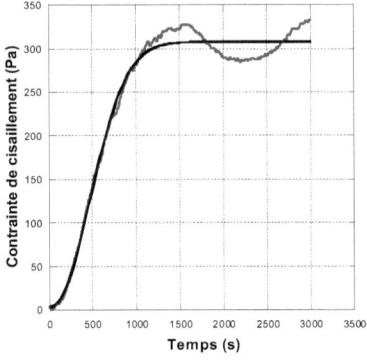

(c)

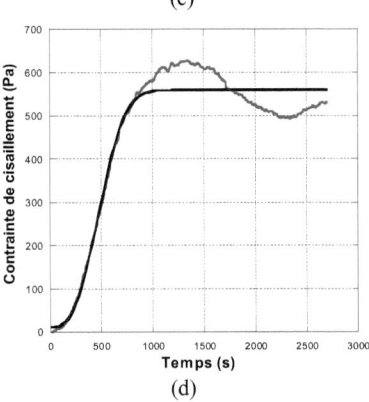

(d)

Figure IV.6 : Evolution temporelle de la contrainte de cisaillement au repos (0,001 $^{s-1}$) après un cisaillement relativement élevé (200s^{-1}) ; les points en rouge représentent les valeurs expérimentales, en trait continue, le meilleur fit à l'aide d'une exponentielle étirée. (a) pâte de référence -100% A.V. ; (b) pâte de référence -50% A.V ; (c) pâte de référence +50% A.V ; (d) pâte de référence +100% A.V

Contrairement à la déstructuration, la restructuration ou la reprise de la thixotropie ne peut pas être décrite par la somme de deux exponentielles. Dans ce cas, une exponentielle étirée est plus appropriée pour lisser les points expérimentaux (contraintes en fonction du temps). Une exponentielle étirée s'apparente à des processus impliquant une distribution entière des temps de relaxation. On peut comprendre physiquement un tel comportement par le fait que, depuis la pâte est soumise à un taux de cisaillement très faible, une distribution complète des temps de relaxation sont mobilisés dans la pâte, y compris ceux correspondant aux grains et aux chaînes de polymère.

De nouveau un modèle simple de la thixotropie, incluant un ensemble infini des temps indépendants de la relaxation, peut être employé pour expliquer un comportement exponentiel étiré de la restructuration de la microstructure. Le meilleur ajustement des courbes expérimentales est les exponentielles étirées, ces dernières nous mènent à des temps caractéristiques (τ_r).

$$\sigma(t) = \sigma_\infty + (\sigma_0 - \sigma_\infty)\exp\left(-\left(\frac{t}{\tau_r}\right)^\alpha\right)$$

Où σ_∞ et σ_0 sont respectivement la contrainte d'équilibre et les contraintes initiales. L'évolution du temps caractéristique de la restructuration pour les différentes doses de VMA est rapportée dans le tableau 3. Nos résultats expérimentaux montrent clairement l'influence des ajouts des agents de viscosités VMA sur la vitesse de la restructuration des pâtes de ciments. L'interprétation physique de ce résultat n'est pas simple et doit être approfondie. En pratique les agents de viscosités sont parfois appelés agents thixotropes, nos résultats expérimentaux le confirment d'une manière plus quantitative.

4. CONCLUSION

L'influence de l'agent de viscosité VMA sur le comportement thixotrope a été étudiée en tenant compte de la déstructuration en régime de taux de cisaillement élevés et de la restructuration au repos en régime de taux de cisaillement très faible. Il a été constaté que la cinétique de la déstructuration est régie par deux principaux temps caractéristique (les courbes de relaxation peuvent être modélisées par la somme de deux exponentielles) qui diffèrent par un ordre de grandeur. Cela a été attribué aux deux différents constituants de la pâte, à savoir l'agent de viscosité VMA (polymère) et la phase granulaire. D'autre part, le processus de la cinétique de la restructuration est modélisée par une simple exponentiallike étiré. Cela a été attribué au fait que, au repos ou à taux cisaillement très faible, une grande partie des temps de relaxation, y compris ceux correspondant aux polymères et les grains, peuvent être mobilisés.

STABILITE DES PATES DU BETON AUTOPLAÇANT

1. INTRODUCTION

Les conditions de ségrégation d'une géosuspension concentrée (boue, pâte, mortier) en écoulement, restent un phénomène mal connu mais conditionne beaucoup de procédés en génie civil : pompage, marnage,... L'étude proposée consiste à analyser ce phénomène pour une typologie d'écoulement choisie : l'écoulement induit par un essai de compression simple sur un échantillon cylindrique de faible épaisseur entre deux plateaux parallèles (essai plan-plan). L'enregistrement de l'effort de compression en fonction de la distance entre deux plateaux, en tenant compte de la vitesse de déplacement permet l'identification de paramètres globaux liés au comportement rhéologique du matériau testé et permet de trouver les modèles rhéologiques en tenant compte de phénomène hétérogénéité induite par écoulement. A travers cet essai, on peut donner une vue plus éclairée sur le blocage lors d'écoulement et les paramètres influençant sur ce phénomène, cette méthode est un nouvel outil simple pour déterminer l'ouvrabilité de la pâte et du béton. Ce chapitre est composé de deux parties:

- Première étape consiste à étudier les comportements rhéologique sous l'essai compression simple, on voit bien que le comportement des bétons est largement piloté par celui de la pâte, donc on va regarder le comportement de galettes de pâte de ciment du béton auto-plaçant (BAP) et du béton ordinaire, sous écrasement et à vitesse de déformation contrôlée. Les relations efforts-déplacements, enregistrées à différentes vitesses de déformation, permettent de différentier les domaines rhéologiques du comportement.

- Ensuite, on étudie le comportement des pâtes de ciment du béton auto-plaçant en changeant le dosage de superplastifiant et de l'agent de viscosité. On observera l'influence des ces deux adjuvants sur l'ouvrabilité.

2. L'ESSAI DE COMPRESSION SIMPLE

2.1 CONTEXTE D'UTILISATION

Les caractéristiques recherchées pour les bétons fluides sont :
- Une grande déformabilité et une mise en place sans vibration pour s'assurer d'un bon étalement, même en présence des obstacles;
- Une grande stabilité, bonne résistance à la ségrégation, au ressuage et au tassement et ce jusqu'au début de la prise du ciment.

Tandis que les essais empiriques, offrant très généralement une seule grandeur, ne peuvent traduire, à leur manière, qu'une seule facette du comportement rhéologique du béton frais. Ces indices ne sont souvent pas liés directement aux caractéristiques intrinsèques des matériaux. Néanmoins, il existe un certain nombre d'essais qui visent à mesurer ces dernières. On utilise beaucoup les viscosimètres capillaires pour un fluide très peu visqueux. Pour des produits un peu plus visqueux, on utilise plutôt des viscosimètres à rotation. Pour ces derniers, il existe différents types : écoulement entre deux plans horizontaux, entre un plan horizontal et un cône perpendiculaire, et entre deux cylindres coaxiaux. Les deux premiers types n'ont en principe pas de parois latérales. Cela ne pose pas trop de problème pour des matériaux comportant des particules extrêmement fines dont l'effet de parois n'est mis en jeu, ce qui permet d'utiliser un entrefer assez petit. Quant aux matériaux contenant des particules plus grosses, comme les pâtes de ciment, l'utilisation obligatoire d'un grand entrefer rend difficile le maintien de l'éprouvette dans l'espace. Dans ce cas, on utilise le viscosimètre à cylindres coaxiaux [47]. Mais avec les matériaux très fluides, le viscosimètre à cylindres coaxiaux n'étudie que la couche juste à côté du cylindre rotatif (I), donc, on n'analyse pas ce qui se passe à l'intérieur de la pâte, la couche (II). Pour mobiliser tout le volume de la pâte, il faut atteindre à un certain ordre de grandeur de la vitesse de rotation. Cela va provoquer un phénomène de glissement aux parois des cylindres. Les essais aux viscosimètres ne répondent pas complètement aux questions et aux solutions recherchées.

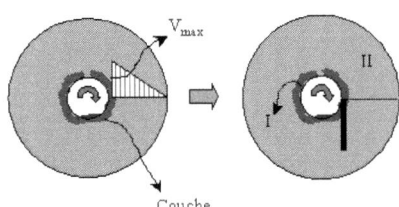

Figure V.1 : Distribution de la vitesse dans les rhéomètres coaxiaux

En outre, un problème se pose lorsqu'on met en œuvre le béton ou lorsque l'on effectue des mesures d'étalement (cône d'Abrams), le matériau s'arrête de s'écouler pour une certaine épaisseur minimale donnée. A l'extrémité de la galette, on constate souvent un ressuage et un phénomène de blocage au bord avec la séparation des phases, concrètement: à l'extérieur de la galette on rencontre la phase fluide avec quelques éléments très fins, plus on dirige vers le centre de la galette plus on observe des gros grains. On peut penser alors que le matériau s'arrête de s'écouler à cause des contacts granulaires secs. Donc, des questions se posent:

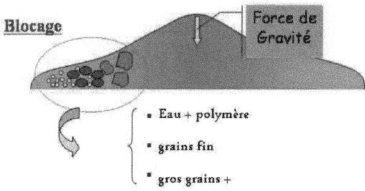

Figure V.2 : Le blocage de la galette

- Pourquoi la pâte arrête-t-elle de s'écouler?
- Quels sont les paramètres contrôlant le ressuage et la séparation des phases?
- Comment déterminer l'épaisseur minimale et les vitesses d'écoulement au dessous des quelles l'étalement s'arrête?

Il est nécessaire de trouver un essai adapté pour répondre aux questions posés, ce qui permettrait d'étudier l'homogénéité du matériau en place en s'intéressant au problème de la stabilité d'une particule au sein du matériau soumis aux efforts de la pesanteur.

2.2 MECANISME

Avec l'essai d'écrasement, on mobilise l'écoulement dans tout le volume de la pâte, et on peut connaître l'écoulement sous les forces de cisaillement en tout points, on peut aussi contrôler la vitesse d'écoulement, tandis que, dans l'essai d'étalement, la vitesse n'est pas contrôlée, elle est due au poids propres de la pâte (ou par gravité). Cet essai est une méthode approchant l'écoulement de la pâte sur les bords de la galette lors d'étalement au cône d'Abrams.

Ainsi, l'essai met en évidence les phénomènes de blocage, de filtration et permet de mesurer l'épaisseur de blocage h, la viscosité μ de la pâte, la perméabilité k, la vitesse critique d'écrasement v_{crit}, et donne une estimation de la filtration, des problèmes de blocage et du ressuage (l'eau s'échappée entre les particules), et de la ségrégation qui est une séparation de phase entre liquide (solution interstitielle) et solide (ciment, granulats et sables pour le béton).

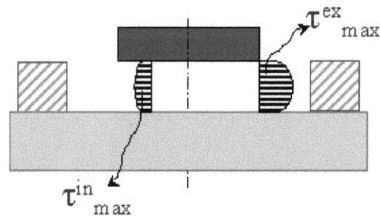

Figure V.3 : Principe de l'essai de compression

L'essai le plus adapté pour imiter intimement l'écoulement de la pâte entre les grains (ciment et filler...), est celui de la compression simple. Cet essai décrit l'état le plus proche de la réalité du béton, où l'espace de la pâte varie en fonction de rapprochement des granulats.

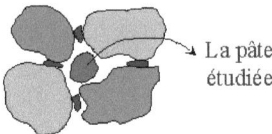

Figure V.4 : La pâte étudiée

Un autre avantage de cette technique, est de permettre des extensions pour les mesures optiques, acoustiques et de conductimétriques pour suivre l'évolution de la microstructure induite par la déformation.

2.3 Description de l'essai d'écrasement

Le test de compression simple, consiste à comprimer un échantillon cylindrique, de faible épaisseur, placé dans un anneau entre deux plateaux circulaires (rayon R) non rotatifs, parallèles et coaxiaux. Durant l'essai, on enregistre l'évolution de l'effort de compression (F) en fonction, de la hauteur entre les plateaux (h) et de la vitesse de rapprochement des plateaux (v). Un schéma de l'appareil utilisé est représenté sur la figure V.5.

- Un plateau inférieur en verre
- Un poinçon de diamètre d = 40 (mm)
- Labview pour acquérir la force (F) et le déplacement (h)
- Un Capteur de déplacement et un Pont Vishay
- Un anneau cylindrique d'épaisseur h = 6 (mm)

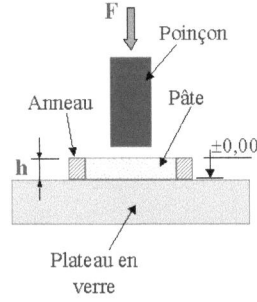

Figure V.5 : Schéma du principe de l'essai d'écrasement

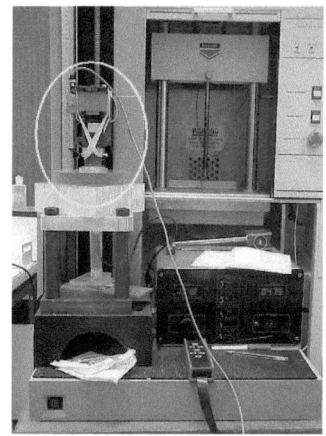 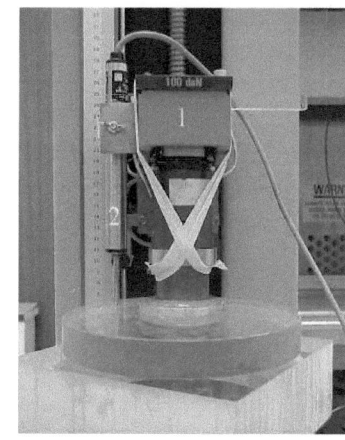

Figure V. 6 : Appareillage utilisés pour l'essai d'écrasement

La compression d'un échantillon induit un écoulement principalement radial et non viscosimétrique; c'est à dire que l'unicité, entre l'état des paramètres expérimentaux, pris à un instant donné, et un comportement rhéologique, n'est pas assurée. Toutefois, si la vitesse v est suffisamment faible, on peut considérer que l'écoulement est une succession d'états d'équilibres statiques limites.

2.4 RESULTATS ET INTERPRETATIONS

2.4.1 Ecoulement d'écrasement de la pâte ordinaire P.O

a) L'influence de la vitesse:

Dans cet essai, nous avons utilisé une pâte de ciment ordinaire, le rapport E/C=0,5. Plusieurs vitesses d'écrasements (0,1mm/mn ; 1mm/mn ; 10mm/mn ; 100 mm/mn) ont été utilisées et ce après 30mn de la fabrication de la pâte. On peut observer que la « cinétique » d'évolution de la force F en fonction de l'épaisseur est modifiée par le changement de la vitesse de déformation.

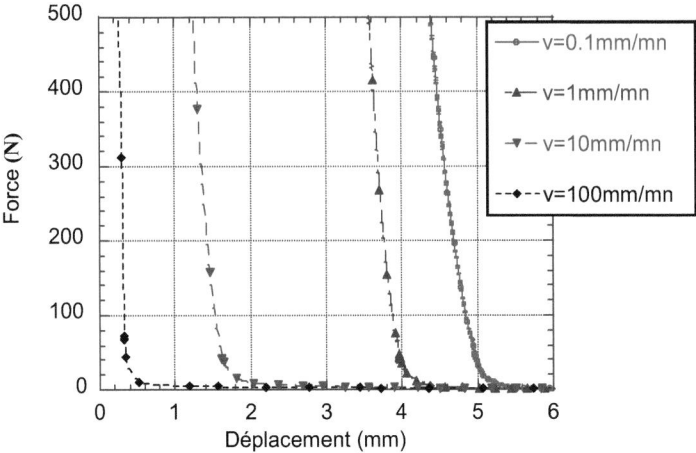

Figure V.7 : Evolution de la force d'écrasement en fonction du déplacement sur la pâte ordinaire P.O à différentes vitesses (○ 0,1mm/mn ; ▲ 1mm/mn ; ▼ 10mm/mn ; ♦ 100 mm/mn).

On constate que la déformation (écoulement) est proportionnelle à la vitesse de déformation. Pour des vitesses faibles (0,1mm/mn, 1mm/mn) le blocage a eu lieu dès un écrasement de 1 à 2mm. On explique ce phénomène par la percolation de l'eau à travers la pâte:

- A vitesse lente, le fluide peut migrer à travers le réseau de grains, conduisant ceux-ci à s'empiler les uns sur les autres et à former une structure très rigide. On obtient un phénomène de blocage des grains à la vitesse faible.

- A vitesse rapide, l'eau et les grains s'écoulent en même temps, donc le coulis reste encore homogène et il va continuer à s'écouler jusqu'à l'épaisseur minimale.

Le comportement en écrasement de la pâte PO est très différent de ce que l'on attend pour un tel matériau. En effet, le comportement rhéologique de la pâte tel que PO déterminé en utilisant un rhéomètre de cisaillement peut être approximativement modélisé comme un fluide en loi de puissance la Figure (7).

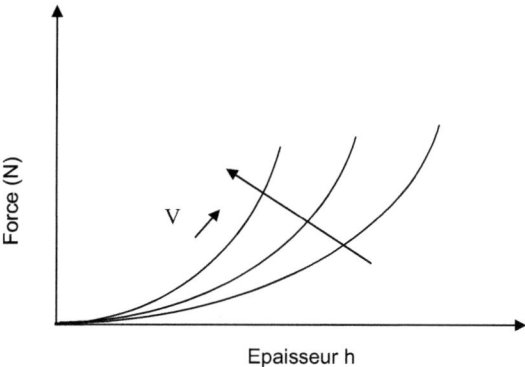

Figure V.8 : Allure de la réponse de la force en fonction de l'épaisseur pour différente vitesses dans le cas d'un fluide en loi de puissance.

Pour de tels fluides, on s'attend à ce que la force de compression suit la loi de Scott [90]:

$$F = 2\pi \left(\frac{2m+1}{m}\right)^m \frac{1}{m+3} \frac{A}{\sqrt{2}^{(m-1)}} \frac{U^m}{h^{2m+1}} R^{(m+3)}$$

Où :

R est le rayon du plateau,

h est la distance entre plateaux,

m l'indice de fluidité de la suspension

A sa consistance

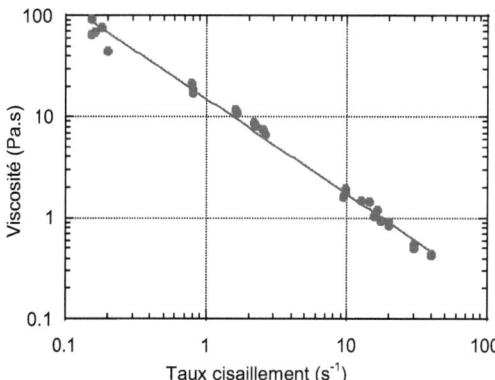

Figure V.9 : Comportement rhéologique de la pâte PO en cisaillement avec rhéomètre de type Couette (● expérimental ; ▬ modèle en loi de puissant)

Pour la pâte PO, nous avons A=15 Pas^m, et m=0,1 (voir figure (9)). La valeur de l'indice de fluidité est assez faible, indiquant que la pâte est fortement rhéofluidifiante. D'après l'expression de la force, pour h donné, la force de compression devrait être une fonction croissante de la vitesse pour un fluide en loi de puissance. Cela est en contradiction avec ce que l'on observe dans nos expériences comme l'illustre la figure (10).

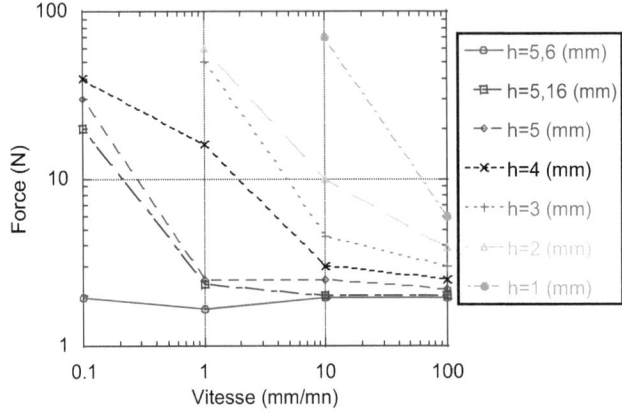

Figure V.10 : Evolution de la force en fonction de la vitesse à différentes épaisseurs

Pour comprendre un tel comportement de la pâte PO, on suppose que son écoulement d'écrasement est associé à une séparation fluide-solide qui peut avoir lieu par la filtration de la phase fluide à travers le milieu poreux formé par des particules solides bloquées (ciment et fines). Ce phénomène a été déjà rapporté dans la littérature pour d'autres types de pâte [91,92,93]. La filtration de la phase fluide mènerait à l'augmentation de la concentration locale en particules, puis à la viscosité de la pâte. Ceci est discuté en détail plus loin.

b) L'influence de l'âge

Pour cet essai, la vitesse 1mm/mn a été utilisée pour des âges différents (15mn, 30mn, 45mn, 60mn) pour la pâte de ciment ordinaire. On observe que plus, l'âge de la pâte augmente plus, l'écoulement se fait facilement. On peut expliquer ce phénomène par l'hydratation du ciment. Quand les grains de ciment s'hydratent, une couche d'hydrates se forme et enveloppe les grains et des structures comme l'éttringite primaire commence à remplir l'espace entre les grains. Ces structures empêchent l'écoulement de l'eau à travers des grains et en même temps empêchent le contact des grains les uns sur les autres. Le coulis reste homogène et s'écoule, le phénomène de blocage apparaît plus tard. Cependant, avec le temps d'expérience (jusqu'à 60mn) les réactions d'hydratation du ciment qui peuvent se produire n'influencent pas sur l'ouvrabilité de la pâte.

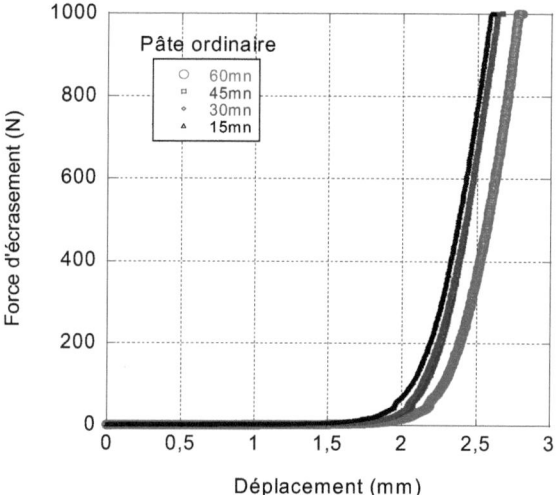

Figure V.11 : Effet de l'âge de la pâte ordinaire P.O

c) Conclusion

Pour l'effet de la vitesse, on voit bien qu'il n'existe pas d'effet de seuil de la vitesse dans le régime d'écoulement de la pâte. Le phénomène de percolation de l'eau à travers les grains et le phénomène de blocage des grains est dominant : à grandes vitesses (100mm/mn), le blocage apparaît tard par rapport aux petites vitesses (0,1mm/mn). Plus, la vitesse diminue plus, le blocage aura lieu tôt et la percolation est plus sensible.

Pour l'effet de l'âge, c'est encore un phénomène à explorer, il faut donc faire des essais avec des âges plus longs pour mieux comprendre ce qui se passe pendant l'hydratation des grains de ciments.

2.4.2 Ecoulement d'écrasement de la pâte PAP

a) L'influence de la vitesse

La différence entre la pâte de ciment PAP et la pâte ordinaire réside dans la diminution de la quantité l'eau (E/C = 0,33) et l'ajout de l'agent de viscosité et de superplastifiant. On remarque que le comportement de la force normale correspond à deux régimes.

- V>1mm/mn, la force augmente avec la vitesse.
- V<1mm/mn, la force augmente lorsque la vitesse diminue.

Le comportement de la pâte PAP est qualitativement différent de celui d'une pâte PO.

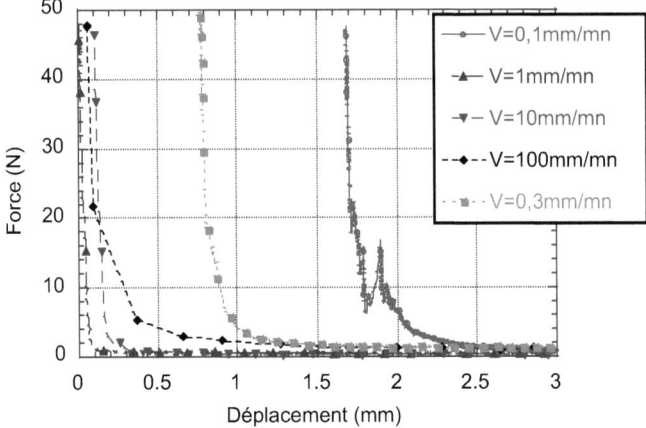

Figure V.12 : Comportement d'écrasement de la pâte PAP (évolution de la force en fonction du déplacement pour des vitesses d'écrasements différentes)

(○ 0,1mm/mn ; ■ 0,3mm/mn ; ▲ 1 mm/mn ; ▼ 10 mm/mn ; ♦ 100mm/mn)

Tout d'abord, nous pouvons noter que les forces normales impliquées pour des pâtes PAP sont d'un ordre de grandeur plus faible que celui des PO. Ceci peut être attribué à l'effet de superplastifiant qui entraîne une diminution de la viscosité de la pâte par desfloculations. Cependant la différence la plus fondamentale se situe dans le fait que le comportement en écrasement de la pâte PAP correspond à deux régimes.

Pour le premier régime, elle correspond à l'écoulement visqueux non-Newtonien de la pâte. Dans ce cas, la vitesse de la phase fluide et celle de la phase squelette sont les mêmes. La filtration du fluide est négligeable, et le matériau reste homogène. Alors, sans surprise, la force est plus élevée pour une vitesse d'écrasement plus élevée.

Pour le deuxième régime, les vitesses d'écrasement sont assez faibles. La pâte se comporte de manière inattendue. Contrairement au premier régime, au dessous d'une certaine distance de séparation entre les deux disques, la force normale devient plus grande quand la vitesse diminue. Ce changement radical de comportement lors d'un essai d'écrasement est le signe d'une évolution de la microstructure de la pâte induite par l'écoulement. Il est équivalent au régime de percolation de la pâte de référence. Alors, au dessous d'une certaine vitesse de déformation, le phénomène de blocage apparaît. Cela explique bien la partie désordonnée à la vitesse 0,1mm/mn. Après l'apparition de blocage, les grains s'empilent les uns sur les autres et créent des colonnes supportant les forces. Sous l'augmentation du déplacement, la colonne s'effondre entraînant et provoquant la chute de la force de compression. Ce phénomène est à l'image de celui du phénomène de « flambement ».

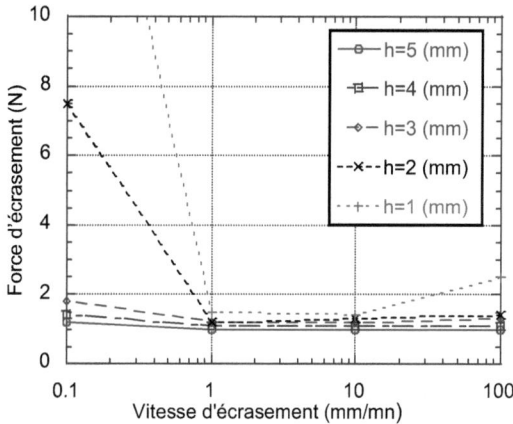

Figure V.13 : La force en fonction de la vitesse aux différents épaisseurs de la pâte PAP

Comme dans le cas des études précédentes [94], les paramètres principaux contrôlant la limite entre les deux régimes peut être déterminés en comparant les temps caractéristiques de deux phénomènes d'écoulement qui serait impliqués dans une expérience de compression d'une pâte granulaire. Ce sont le temps caractéristique de filtration du fluide et le temps caractéristique de l'écoulement de la pâte. Le temps caractéristique d'écoulement de la pâte (τ_{flow}) est déterminé par la vitesse imposée (U). On a ($\tau_{flow} \sim h/U$). Le temps caractéristique de filtration du fluide peut être déterminé en utilisant la loi de Darcy pour des fluides en loi de puissance [90]:

$$\left| v_f - v_s \right| \propto \left[\frac{k^{\frac{n+1}{2}}}{\mu_0} gradp \right]^{\frac{1}{n}}$$

Où vf et vs sont respectivement la vitesse moyenne du fluide et du solide, k la perméabilité de Darcy (pour un fluide newtonien, qui augmente comme la taille des grains au carré) et p la pression, n est l'indice de fluidité de la solution de polymère (ici n=0,34) et μ_0 sa consistance (ici μ_0 = 0,1Pas^n).

Puisque n < 1, l'équation ci-dessus tient compte du fait que, pour une vitesse de filtration donnée, la chute de pression pour un fluide rhéofluidifiant est plus élevée que pour un fluide Newtonien, ce qui a été démontré expérimentalement dans le cas d'une solution de polymère.

Le comportement rhéologique de la pâte PAP peut également être modélisé comme un fluide en loi de puissance jusqu'à un taux de cisaillement de 5s^{-1}, comme le montre la figure (14).

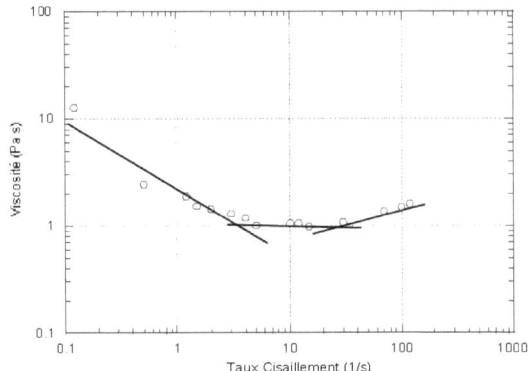

Figure V.14 : Comportement rhéologique en cisaillement de la pâte PAP

On a : $\sigma = A\dot{\gamma}^m$, où σ est la contrainte de cisaillement, A la consistance de la pâte et m son indice de fluidité. Ici, nous avons : A=2,6 Pas^m et m=0,52. Nous pouvons noter qu'au dessous de 5s^{-1} la pâte devient newtonienne. Puisque nous nous intéressons ici uniquement au comportement d'écrasement à petites vitesses, la pâte peut être considérée comme ayant un comportement en loi puissance. L'origine de la chute de pression est l'écoulement de la pâte. Ainsi, dans des conditions quasi-statiques, nous pouvons estimer la valeur typique du gradient de pression comme : gradp ~ A (U/h)^m / h. Ceci mène à l'évaluation suivante du temps caractéristique pour le mouvement relatif fluide-solide:

$$\tau_{\text{filtration}} \propto \frac{h}{|v_f - v_s|} = h \left(\frac{hk}{\mu_0 A}\right)^{\frac{1}{n}} \left(\frac{h}{U}\right)^{\frac{m}{n}}$$

Puisque la filtration de la phase fluide est un phénomène convectif, nous pouvons définir un nombre de Peclet (Pe) en prenant le rapport des deux temps caractéristiques correspondants, i.e.:

$$Pe = \frac{\tau_{\text{filtration}}}{\tau_{\text{flow}}} = \left(\frac{\mu_0 h^{m+1} U^{n-m}}{Ak^{\frac{n+1}{2}}}\right)^{1/n}$$

La vitesse pour laquelle nous nous attendons à une transition entre un écoulement homogène de la suspension et une situation dans laquelle nos avons un mouvement relatif significatif fluide-solide peut être estimée pour Pe=1. Ce qui donne:

$$U_c = \left(\frac{Ak^{\frac{n+1}{2}}}{\mu_0 h^{m+1}} \right)^{1/n-m}$$

Puisque n < 1, l'effet de l'aspect rhéofluidifiant du fluide de la suspension devrait être d'entraîner une augmentation de la vitesse critique pour la séparation solide-fluide. Cela est en désaccord apparent avec nos résultats expérimentaux. En fait, un tel effet de l'indice de fluidité est attendu. Dans nos expériences, le gradient de pression dans le fluide est fixé à travers la vitesse imposée du plateau. Ainsi, pour un gradient de pression donnée le taux de filtration augmente quand l'indice de fluidité diminue (voir l'équation darcy). Les effets de séparation solide-fluide apparaîtraient aux grandes vitesses du plateau pour un faible indice de fluidité. L'effet rhéofluidifiant devrait alors diminuer l'extension du domaine d'écoulement de suspension.

L'influence de la consistance du polymère est opposée à celle de l'indice de fluidité (voir l'équation Uc). Ainsi, on peut conclure d'après notre analyse que l'origine de l'augmentation de l'extension du domaine d'écoulement de la pâte par l'addition d'un polymère est plutôt due à l'augmentation de la consistance du fluide. L'aspect fluidifiant aurait l'effet inverse. Cependant, cet aspect serait bénéfique dans le processus de mise en œuvre des BAP. Ainsi, de manière similaire à d'autres types de fluides industriels tels que les boues de forage, l'effet de l'addition des polymères (agent viscosants) donne une stabilité des PAP par rapport à la séparation fluide-solide pour de faibles vitesses de sollicitation (mécanique ou gravitaire) ou au repos, et une bonne ouvrabilité pour des vitesses de sollicitées élevées.

b) L'influence de l'âge

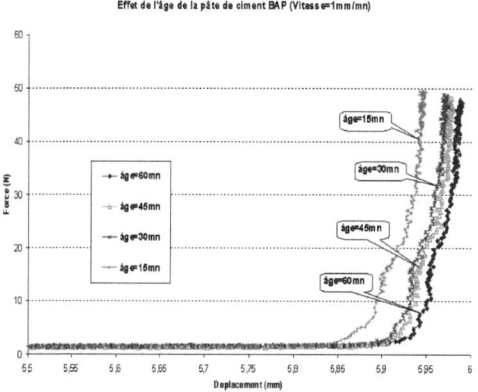

Figure V.15 : Effet de l'âge de la pâte PAP

La figure 15 montre que l'effet de l'âge est similaire à celui avec la pâte de ciment ordinaire. C'est-à-dire que les efforts d'écrasement diminuent lorsque l'âge augmente. Cela peut être attribué à la diminution de la perméabilité à cause de l'hydratation comme dans le cas précédent

c) Conclusion:

Alors, au dessous d'une certaine vitesse critique, une séparation de phase apparaît, et le sens de variation de la force en fonction de la vitesse s'inverse. Nous montrons que ces deux régimes peuvent être décrits par un nombre de Peclet, défini par le rapport entre le temps caractéristique de déformation de la pâte et le temps caractéristique de filtration du fluide interstitiel à travers le milieu poreux constitué par les grains formant la pâte.

Pour $Pe \gg 1$, on a le mécanisme de filtration, l'effort normal augmente lorsque la vitesse de déplacement diminue.

Pour $Pe \ll 1$, la filtration du fluide est négligeable, et le matériau reste homogène.

2.5 CONCLUSION DE L'ESSAI

Nous avons présenté une étude expérimentale sur le comportement d'une pâte de ciment PAP comparée à celle d'une pâte PO en écoulement d'écrasement. Dans la gamme des taux de déformation considérés ici l'écrasement de la pâte PO s'accompagne d'une séparation entre la phase fluide et les particules. Il s'agit ainsi d'une pâte de très mauvaise ouvrabilité. Le comportement rhéologique de la pâte PAP est plus complexe. Aux grandes vitesses d'écrasement et/ou grandes épaisseurs de la pâte, la force normale est une fonction croissante de la vitesse, comme attendu dans le cas de l'écoulement purement visqueux de la pâte. Dans ces circonstances, la pâte devrait rester plus ou moins homogène lors de l'écrasement. Pour des petites vitesses et/ou des petites épaisseurs, le comportement rhéologique de la pâte BAP est semblable à celui de la pâte PO. Nous avons montré que la consistance de la phase fluide était le paramètre principal pour obtenir une suspension stable dans des conditions d'écoulement d'écrasement (et /ou au repos). Cependant, dans la pratique nous avons besoin de l'aspect rhéofluidifiant de la phase fluide pour augmenter la fluidité de la pâte dans des conditions de mise en oeuvre.

3. OUVRABILITE DES PATES DE CIMENT

3.1 METHODE POUR DETERMINER L'OUVRABILITE DES PATES

Comme on a vu dans les paragraphes précédents, le comportement de la pâte du béton ordinaire est différent de celui de la pâte du béton autoplaçant, cela du fait que le comportement en écrasement de la pâte du béton autoplaçant se fait a deux régimes différentes selon la vitesse et la distance instantanée entre les deux plateaux.

Lorsque l'épaisseur est encore grande et/ou de grandes vitesses on a un régime d'écoulement homogène de la pâte. Dans ce régime, la vitesse des grains et de la phase fluide est approximativement la même figure V.16 donc ils s'écoulent en même temps, par conséquent la force est faible.

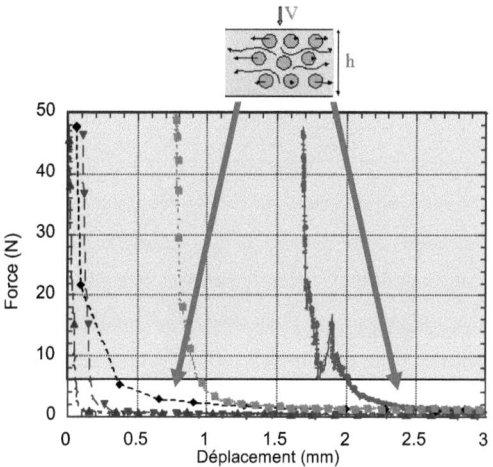

Figure V.16 : Régime d'écoulement de la pâte PAP

Au dessous d'une certaine épaisseur et/ou pour des vitesses faible on passe dans un régime blocage à cause des contacts granulaires secs. La phase fluide va filtrer à travers le milieu poreux constitué par les grains bloqués (voir figure V.17).

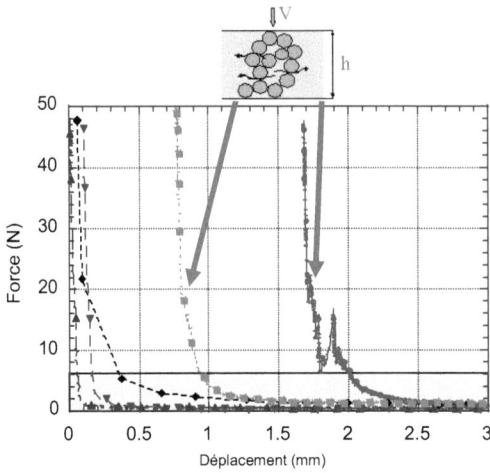

Figure V.17 : *Régime blocage de la pâte* PAP

Si l'on examine de manière plus attentive les courbes représentées sur la figure (17), on voit cependant que cette transition dépend aussi de la distance instantanée entre les plateaux. On peut noter de grandes fluctuations de force pour les faibles vitesses dans le cas de la pâte PAP. Cela est le signe d'un probable séparation fluide-solide, entraînant un comportement du type granulaire sec. On peut expliquer plus clairement ce phénomène en analysant respectivement les résultats théoriques et expérimentaux obtenus dans le cas du fluide visqueux sans grains (c.a.d. pas le phénomène de séparation fluide-solide).

La figure V.18 représente les résultats obtenues par l'essai d'écrasement d'un fluide visqueux (huile de silicon) et les résultats obtenues en utilisant la formulation de Scott pour un fluide en loi de puissante (m=1) (éq Scotts).

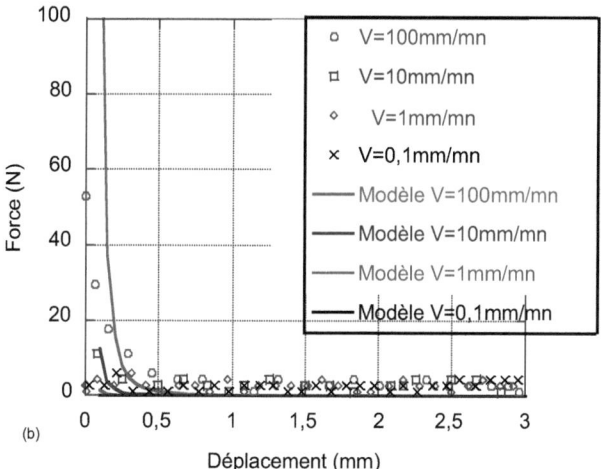

Figure V.18 : Ecrasement de l'huile de silicone comparaison résultat expérimental-théorique

(● expérimental ; ▬ modèle en loi de puissant)

On remarque que pour un fluide visqueux, la force est une fonction croissante de la vitesse d'écrasement, la formulation de Scott est compatible avec les résultats expérimentaux. En considérant la pâte comme un fluide en loi de puissance, et avec les paramètres de la partie précédente: A=2,6 Pas^m; m=0,52; R=20(mm); on obtient les résultats suivants.figure (19)

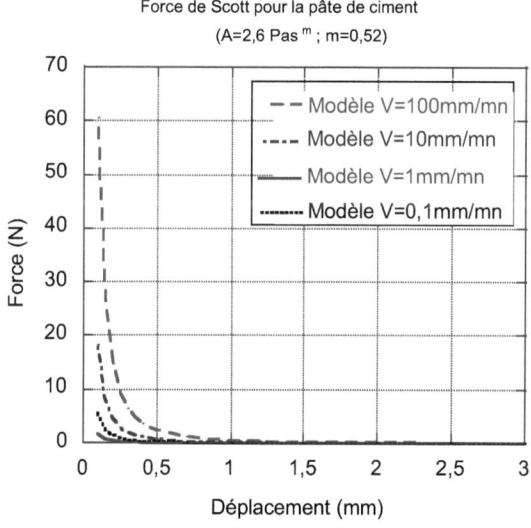

Figure V.19: Evolution de la force d'écrasement en fonction du déplacement de la pâte aux différentes vitesses d'après le modèle Scott

Nous avons vu que les pâtes de ciment ont un comportement rhéologique d'un fluide en loi de puissance. Ainsi dans le régime où la pâte reste homogène, la force d'écrasement devrait suivre la loi de Scott (voir plus haut). Pour déterminer les conditions pour lesquelles on a blocage, on adopte alors la méthode suivante. Pour chaque courbe effort d'écrasement/distance instantanée entre plateaux, nous recherchons le meilleur ajustement avec la loi de Scott. Pour chaque vitesse d'écrasement nous déterminons alors l'épaisseur de blocage comme étant celle pour laquelle on a déviation significative par rapport à la loi de Scott (voir figure V.20).

Grâce à cette méthode, on peut déterminer un diagramme "d'ouvrabilité" des pâtes représentant les couples vitesses/épaisseurs pour lesquels on a écoulement ou blocage. A gauche des courbes on a un blocage, à droite la pâte s'écoule sans séparation fluide-solide significative. Ces diagrammes peuvent normalement être utilisés pour caractériser les problèmes de blocage lors de la mise œuvre de ce type de matériaux. La figure V.21 représente les diagrammes d'ouvrabilité d'une pâte ordinaire ainsi que celle d'un BAP. Nous voyons clairement que la zone d'ouvrabilité d'une PAP est nettement plus large que celle d'une PO. Une pâte PAP peut s'écouler ainsi de manière stable à travers de petits interstices même à de faibles vitesses.

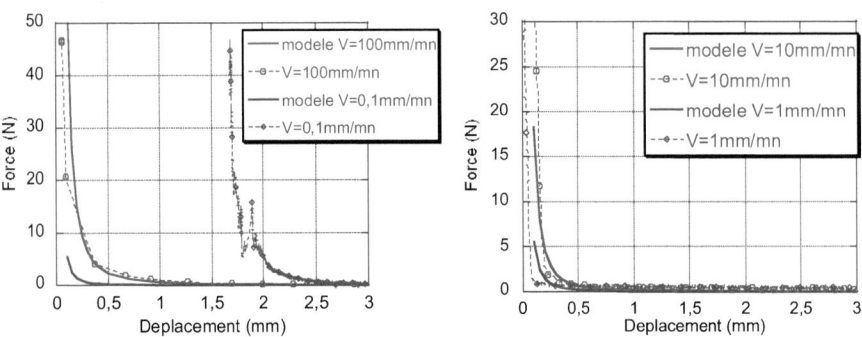

Figure V.20 : Détermination l'épaisseur de blocage en comparaison modèle-expérimental

La zone d'écoulement de la pâte du béton BAP est plus grande que celle du béton ordinaire. Cela montre bien le rôle important des superplastifiants et de l'agent de viscosité dans la modification de la zone d'écoulement de la pâte [95,96].

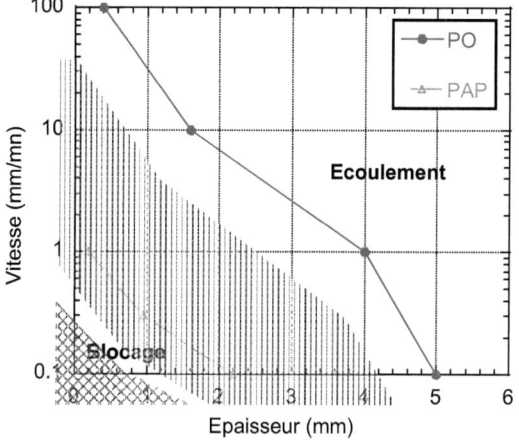

Figure V.21: *Zone d'ouvrabilité des pâtes P.O et PAP*

▨▨▨▨ : *Partie blocage pour les deux pâtes.*

▥▥▥▥ : *Partie transitoire pour les deux pâtes blocage pour PO et écoulement pour PAP*

☐ : *Partie écoulement pour les deux pâtes*

3.2 INFLUENCE DES ADJUVANTS SUR L'OUVRABILITE

Dans cette partie, nous allons étudier l'influence des adjuvants organiques comme l'agent de viscosité et les superplastifiants sur le comportement d'écrasement et la zone d'ouvrabilité de la pâte [95,96]. Pour diminuer le temps de l'essai et aussi limiter les influences éventuelles de la sédimentation de la pâte, les essais d'écrasement commencent avec une épaisseur initiale de 3 mm.

3.2.1 Influence du superplastifiant

Nous avons effectué des essais d'écrasement avec des pâtes PAP pour lesquelles la teneur en SP a été modifiée. Comme précédemment, à partir des mesures d'efforts d'écrasement en fonction du déplacement, nous avons déterminé les diagrammes d'ouvrabilité pour chacune des pâtes.

Les résultats pour une pâte où le dosage en superplastifiant a été diminué de 40% par rapport au dosage de référence sont représentés sur la figure V.22.

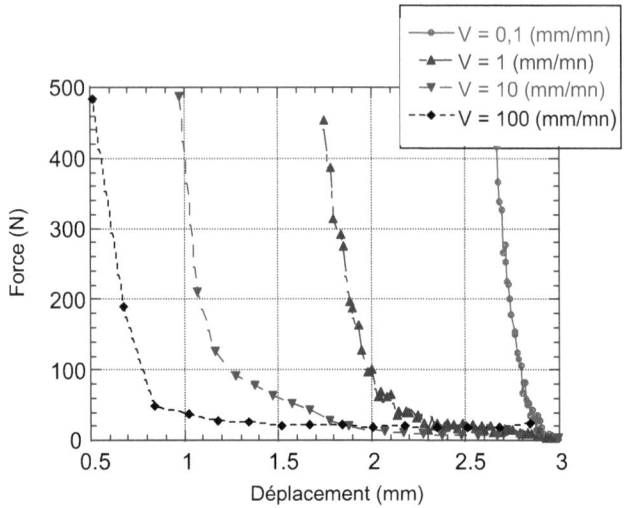

Figure V.22 : Comportement d'écrasement de la pâte diminuant 40%SP
(○ 0,1mm/mn ; ▲ 1mm/mn ; ▼ 10mm/mn ; ♦ 100 mm/mn)

En diminuant superplastifiant, la pâte se comporte comme la pâte ordinaire. Plus on diminue la vitesse d'écrasement, plus on se bloque tôt et la pâte s'écoule moins.

Les comportements d'écrasement des autres pâtes en changeant le dosage en superplastifiant (diminuée 20%SP ; augmentée 20%Sp et augmentée 40%SP) sont présentés dans les figures suivants :

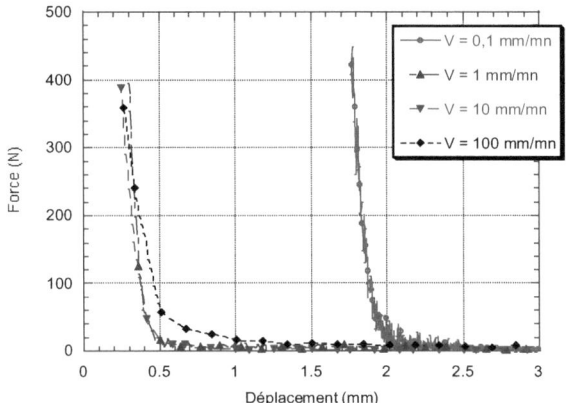

Figure V.23 : Comportement d'écrasement de la pâte diminuant 20%SP
(○ 0,1mm/mn ; ▲ 1mm/mn ; ▼ 10mm/mn ; ♦ 100 mm/mn)

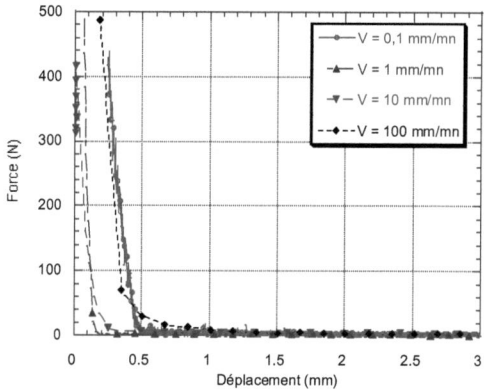

Figure V.24 : Comportement d'écrasement de la pâte augmentant 20%SP
(○ 0,1mm/mn ; ▲ 1mm/mn ; ▼ 10mm/mn ; ♦ 100 mm/mn)

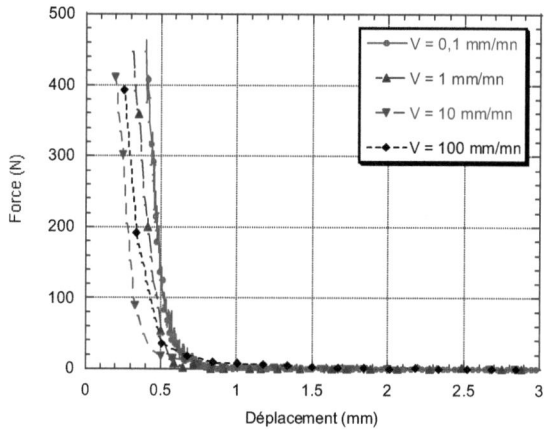

Figure V.25: Comportement d'écrasement de la pâte augmentant 40%SP
(○ 0,1mm/mn ; ▲ 1mm/mn ; ▼ 10mm/mn ; ♦ 100 mm/mn)

En utilisant la méthode décrite précédemment, on peut déduire l'influence de la teneur en superplastifiant sur la stabilité des pâtes à partir des résultats des essais d'écrasement. Les diagrammes d'ouvrabilité des différentes pâtes sont représentés dans la figure suivante :

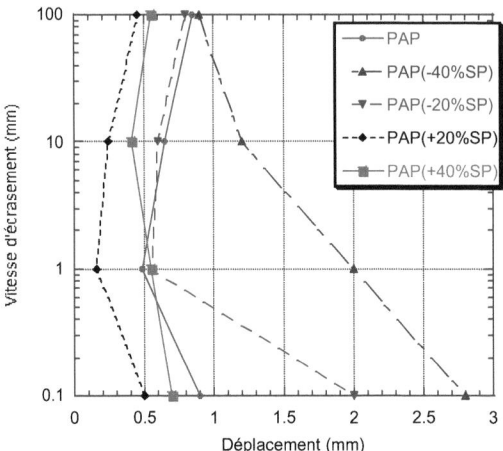

Figure V.26 : Zone d'écoulement des pâtes PAP en changeant SP (à droite des courbes c'est la partie écoulement et à gauche c'est la partie blocage)

Dans le cas du plus faible dosage en SP utilisé (PAP-40 : 1,2g SP/100g ciment), l'ouvrabilité de la pâte est pratiquement aussi mauvaise que celle des pâtes ordinaires. Dans ces conditions, le dosage en SP étant loin de sa valeur optimale, on peut s'attendre à la subsistance de nombreux flocs de grande taille. On a donc un matériau de grande perméabilité. Cela peut faciliter la séparation solide-fluide par filtration. Nous y reviendrons plus loin.

Comme attendu, à la lumière des diagrammes représentés sur la figure26, l'augmentation de la quantité de SP entraîne une amélioration nette de l'ouvrabilité des pâtes. Cependant, nos résultats montrent qu'un dosage excessif en SP détériore légèrement l'ouvrabilité. Nous avons peut être dépassé le dosage de saturation du superplastifiant [97]. La quantité excessive de superplastifiant contribue en partie à l'intercalation dans les produits d'hydratation. Le polymère intercalé n'est plus disponible pour le processus de dispersion, ce qui diminue son efficacité [26]. La zone d'écoulement de la pâte va donc diminuer.

L'une des causes de la séparation fluide-solide est la filtration du fluide à travers le milieu poreux constitué par le réseau granulaire. La filtration peut être décrite par une loi de Darcy généralisée à un fluide en loi de puissance (solution de polymère) [90] :

$$\left|v_f - v_s\right| \propto \left[\frac{k^{\frac{n+1}{2}}}{\mu_0} gradp\right]^{\frac{1}{n}}$$

où :

μ_o est le viscosité de la phase fluide,

k est la perméabilité dépend essentiellement la taille des grains et la concentration,

n l'indice de fluidité de la suspension

p la pression du fluide interstitiel

Le superplastifiant joue un rôle de défloculant en s'adsorbant sur les grains, donc il empêche les grains se rapprocher pour former des amas sous l'effet des forces de Van der Waals. La perméabilité (k) du milieu augmente comme le carré de la taille des flocs (on peut le voir par exemple à travers la loi de Kozeny-Carman) [98,99]. La défloculation des aggrégats par le superplastifiant va donc entraîner une diminution importante de la perméabilité, et par voie de conséquences la filtration, d'où une stabilisation de la pâte.

3.2.2 Influence de l'agent de viscosité

Comme nous l'avons signalé dans les parties précédentes, l'agent de viscosité joue un rôle mineur dans le comportement rhéologique et la viscosité, mais on sait aussi qu'il joue un rôle dans la stabilité de la pâte. Il est ainsi intéressant de voir l'influence de cet adjuvant sur la séparation liquide-granulats sous écrasement

Les comportements d'écrasement des pâtes en variant le dosage en agent de viscosité (augmentation de 40%AV ; diminution de 40%AV, pâte sans AV) sont présentés dans les figures ci dessous. Le dosage en superplastifiant est maintenu constant et correspond à la formulation de référence.

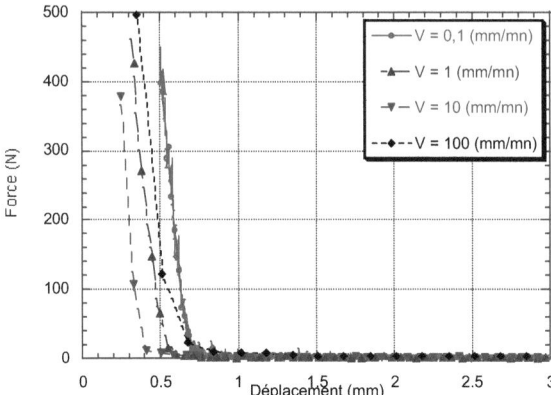

Figure V.27 : Comportement d'écrasement de la pâte augmentant 40%AV (○ 0,1mm/mn ; ▲ 1mm/mn ; ▼ 10mm/mn ; ♦ 100 mm/mn)

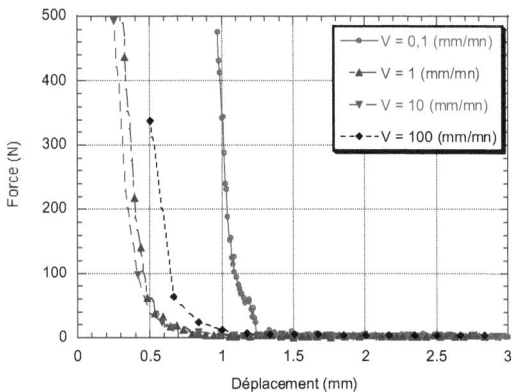

Figure V.28: Comportement d'écrasement de la pâte diminuant 40%AV (○ 0,1mm/mn ; ▲ 1mm/mn ; ▼ 10mm/mn ; ♦ 100 mm/mn)

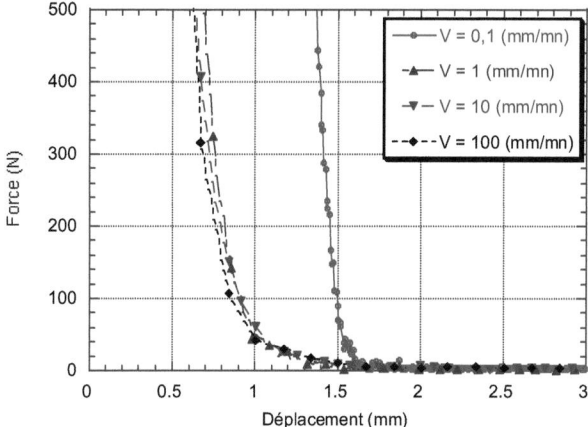

Figure V.29 : Comportement d'écrasement de la pâte sans AV
(○ 0,1mm/mn ; ▲ 1mm/mn ; ▼ 10mm/mn ; ♦ 100 mm/mn)

A partir des essais d'écrasement, on déduit les diagrammes d'ouvrabilité représentés sur la figure suivante :

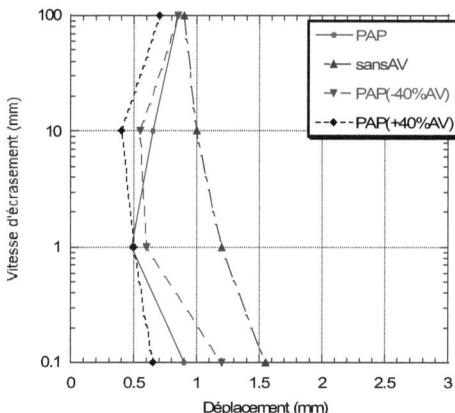

Figure V.30 : Zone d'écoulement des pâtes PAP en changeant AV (à droite des courbes c'est la partie écoulement et à gauche c'est la partie blocage)

Comparé au superplastifiant, l'agent de viscosité ne modifie que faiblement la zone d'ouvrabilité de la pâte. L'effet de agent de viscosité est d'augmenter la viscosité de la solution aqueuse, alors que celui de superplastifiant est de changer la taille des flocs donc la perméabilité du milieu. En se basant juste sur le phénomène de filtration, on peut voir que la perméabilité et la viscosité de la phase fluide ont approximativement la même importance (dans la loi de Darcy). Cependant, il est clair que le superplastifiant modifie beaucoup plus la perméabilité (qui varie comme la taille des flocs au carré) que l'agent de viscosité modifie la viscosité du fluide.

3.3 INTERPRETATIONS

Dans cette étude, nous avons considéré l'influence des adjuvants organiques sur le comportement rhéologique et la résistance par rapport à la séparation fluide-solide de pâtes de ciment utilisées pour la formulation de bétons auto-plaçants. Nous avons montré que des essais de compression peuvent être utilisés pour caractériser l'ouvrabilité des pâtes. Des diagrammes d'ouvrabilité, caractérisant les vitesses et les interstices pour lesquels la pâte peut s'écouler sans séparation fluide-solide, ont été déterminés à partir des essais de compression. Nous avons montré que les superplastifiants, par leur action de défloculation, ont une grande influence sur l'ouvrabilité. Cela a été interprété dans le cadre de la loi de filtration de Darcy. En revanche, l'agent de viscosité avait un rôle mineur, comparé à celui du superplastifiant, sur l'ouvrabilité des pâtes. Cela a été expliqué par le fait que l'agent de viscosité modifie la phase fluide (en augmentant sa viscosité), alors que le superplastifiant modifie le réseau granulaire (par défloculation). Les résultats sont similaires pour les propriétés rhéologiques (ici rhéogrammes) : le superplastifiant admet nettement plus d'influence que l'agent de viscosité. Nous avons interprété ce résultat à travers la loi de Krieger-Dougherty pour les suspensions concentrées. Que ce soit pour le comportement rhéologique ou la filtration, la raison principale pour laquelle le superplastifiant admet nettement plus d'effet que l'agent de viscosité est liée au fait ces deux propriétés sont dominées par la configuration du réseau granulaire.

Nos résultats ne signifient pas que les agents de viscosité sont inutiles. En effet, même si dans les essais réalisés ici (cisaillement et compression), ils jouent un rôle mineur par rapport aux superplastifiants, ils peuvent s'avérer utiles dans d'autres situations. Cela pourrait être par exemple le cas pour la stabilité de la pâte par rapport à la sédimentation gravitaire [86]

CONCLUSION

Le comportement rhéologique des bétons est largement piloté par celui de la pâte. La première étape consiste à étudier les comportements rhéologiques, sous écrasement et à vitesse de déformation contrôlée, de galettes de pâte de ciment de béton auto - plaçant (BAP) et de béton ordinaire. Les relations effort – déplacement, enregistrés à différentes vitesses de déformation, permettent de différentier les domaines rhéologiques de comportement. Nous retirons quelque conclusion suivant :

Dans le cas des pâtes ordinaires, l'effort appliqué est une fonction décroissante de la vitesse de déformation sur toute la gamme de vitesse considérée, indiquant dans tous les cas que la déformation s'accompagne d'un assèchement de la pâte.

Dans le cas des pâtes BAP on observe deux régimes d'écoulement bien distincts suivant les vitesses de déformation imposées.

- Pour des vitesses élevées [> 2mm/mn] l'effort croît avec la vitesse de déformation, ce qui correspond à l'écoulement visqueux de la pâte (non-Newtonien d'ailleurs).

- En deçà d'une vitesse « critique » [environ 1mm/mn], l'évolution de l'effort en fonction de la vitesse de déformation s'inverse, suggérant un changement de comportement dans le régime d'écoulement. En effet nous observons une percolation de la phase fluide au travers de du squelette solide et à une rigidification du milieu.

- Pour les BAP, nous montrons que ces deux régimes peuvent être décrits par un nombre de Peclet, défini par le rapport entre le temps caractéristique de déformation de la pâte et le temps caractéristique de filtration du fluide interstitiel à travers le milieu poreux constitué par les grains de ciment formant la pâte.

-

Le diagramme d'ouvrabilité peut déterminer en comparant l'expérimental avec la théorie. On se perçoit que la pâte du béton autoplaçant peut écouler jusqu'au faible épaisseur (la taille des grains) avec faible vitesse d'écrasement. Nous avons montré que les superplastifiants, par leur action de défloculation, ont une grande influence sur l'ouvrabilité. En revanche, l'agent de viscosité avait un rôle mineur, comparé à celui du superplastifiant, sur l'ouvrabilité des pâtes.

Le test de compression constitue un outil de rhéométrie bien adapté à la caractérisation des suspensions concentrées de particules de tailles réduites mais de concentrations volumiques solides, éventuellement, importantes.

CONCLUSION ET PERSPECTIVES

CONCLUSION GENERALE

Ce travail de recherche a été effectué dans le cadre de ma thèse de doctorat en science des fluides et des matériaux, option mécanique.

Le but était de concilier les propriétés rhéologiques des BAN avec les propriétés rhéologiques des BAP à l'état frais. En effet, les BAP sont très visqueux et très sensibles à une légère variation du dosage en eau, tandis que les BAN sont moins visqueux, plus robustes vis-à-vis la variation du dosage en eau. Alors, la conciliation entre ces deux aspects conduit à des formulations complexes et pointues mettant en jeu un ensemble de constituants minéraux et organiques (viscosants et superplastifiants). La robustesse des formulations des BAP est l'un des points majeurs qu'il est nécessaire de maîtriser avant de considérer un emploi industriel de ces bétons.

Les BAP et BAN, doivent être en même temps fluides et stables : nécessité de résistance à la ségrégation et au ressuage afin de consolider le mélange tout en assurant une suspension homogène pendant l'étalement, jusqu'au durcissement. Il n'y a pas de méthodologie pratique de formulation qui soit bien établie, afin de fabriquer des bétons fluides, à partir des données de base sur les matériaux locaux et un cahier des charges précis. Ce passage requiert l'optimisation des quatre paramètres qui constituent le béton tels que le ciment, l'eau, les adjuvants (organiques ou minéraux...) et les granulats. Ces entités jouent chacune des rôles fondamentaux dans les propriétés rhéologiques, les résistances mécaniques et la durabilité dans les milieux agressifs.

L'optimisation de la formulation du béton s'effectue par un couplage entre :

L'optimisation des propriétés rhéologiques de la partie fine du mélange
L'adaptation du squelette granulaire
Dans cette thèse, on s'est concentré sur l'aspect optimisation des propriétés rhéologiques de la partie fine du mélange qui est la pâte de ciment.

Ainsi, nous avons cherché en premier lieu à déterminer l'influence du superplastifiant (le dosage jusqu'à saturation : pour remplacer l'eau tout en évitant un excès qui peut mener au ressuage) et de l'agent de viscosité (dosage pour obtenir une formulation robuste vis-à-vis la variation du dosage en eau) sur ces la pâte de ciment.

Ainsi, une campagne expérimentale, menée sur la pâte de ciment, a été effectuée. Dans le premier temps, nous avons effectués des études expérimentales sur le comportement rhéologique à l'état stationnaire de la pâte de ciment sous l'essai de cisaillement du type Couette co-axiaux, pour déterminer le seuil d'écoulement, la consistance et l'indice de fluidité. Différentes conclusions peuvent être retenues :
La viscosité apparente est un paramètre évolutif qui dépend non seulement du taux de cisaillement, mais également du temps. Pour déterminer les paramètres rhéologiques des pâtes, il a fallu s'assurer d'avoir des mesures à l'état stationnaire. Le comportement rhéologique des pâtes en régime établi

est assez complexe. On ne peut pas le décrire par un seul modèle dans tout l'intervalle de taux de cisaillement considéré. Les rhéogrammes se composent généralement de 4 parties :
- un comportement élastique pour des contraintes inférieures au seuil de cisaillement,
- un comportement rhéofluidifiant aux faibles taux de cisaillement correspondant à la défloculation des agrégats de ciment et de fines
- un comportement Newtonien, une fois que tous les agrégats sont cassés
- et enfin un comportement rhéoépaississant dû au problème de dilatance.

Les résultats de cette étude rhéologique montrent l'importance du superplastifiant. Le superplastifiant agit directement sur la configuration des particules solides dans la pâte, modifiant ainsi de manière importante les propriétés rhéologiques. Cependant une quantité excessive de superplastifiant peut être inutile sur le comportement de la pâte. Il est donc important de déterminer une quantité optimisée de superplastifiant.

Les propriétés rhéologiques des pâtes sont peu sensibles au dosage en agent viscosant, du moins comparativement au superplastifiant. Ils peuvent s'avérer ainsi utiles dans la robustesse de la formulation en diminuant la sensibilité de la formulation face au changement du dosage en eau.

Nous avons considéré autre propriété important de la pâte de ciment : la thixotropie. Nous avons utilisé un protocole de sollicitation qui permet de suivre l'évolution de la restructuration des pâtes après avoir subi un cisaillement. Nous avons considéré l'influence de l'agent de viscosité sur la capacité de restructuration (reprise de thixotropie):

La dernière partie de cette étude a été consacrée au problème de stabilité des pâtes sous écoulement. Nous avons montré qu'à partir d'un test de compression simple on peut déterminer les conditions pour lesquelles les pâtes peuvent subir une séparation de phase liquide-solide entraînant un blocage de l'écoulement. Nous avons considéré l'influence des adjuvants sur la stabilité des pâtes.

Nous avons montré que les superplastifiants, par leur action de défloculation, ont une grande influence sur l'ouvrabilité. Cela a été interprété dans le cadre de la loi de filtration de Darcy. L'agent de viscosité avait aussi un rôle non-négligeable. Cela a été expliqué par le fait que l'agent de viscosité modifie la phase fluide en augmentant sa viscosité ce qui diminue la filtration entraînant l'augmentation de la stabilité de la pâte.

Bibliographie

[1] Okamura et Ouchi, Self-compacting concrete, Journal of advanced Concrete Technology, 2003, vol 1, n°1, pp 5-15.

[2] Association française de Génie Civil (AFGC), Bétons Auto-Plaçants Recommandations provisoires, juillet 2002, 63 pages.

[3] Billberg, Form Pressure generated by self-compacting concrete, Proceedings of the third international RILEM conference on SCC, août 2003, Reykjavik, Islande, pp 271- 280.

[4] Leehmann et Hoffman, Pressure of self-compacting concrete on the formwork, Proceedings of the third international RILEM conference on SCC, août 2003, Reykjavik, Islande, pp 288-295.

[5] Ovarlez et Roussel, A physical model for the prediction of lateral stress exerted by self-compacting concrete on formwork, Materials and Structures 2nd International RILEM Symposium on Advances in Concrete through Science and Engineering 2006.

[6] Fédération française du béton (FFB), Recommandations de mise en oeuvre des B.A.P. et des BAN, SEBTP, édition 2003.

[7] Projet National B.A.P., Aide à la rédaction de cahier des charges techniques pour le Bétons Auto-Plaçants (B.A.P.), Mars 2005.

[8] Turcry, Retrait et fissuration des bétons autoplaçants- influence de la formulation, thèse de doctorat de l'Ecole centrale de Nantes, 2004, 213 pages.

[9] Walraven, Structural aspect of self-compacting concrete, proceedings of the third nternational RILEM conference on SCC, août 2003, Reykjavik, Islande, pp 15-22.

[10] Bétons Autoplacants-Monographie d'ouvrages en B.A.P., B.52, 2003, collection technique CimBéton, 152 pages.

[11] Collepardi et al, Laboratory-tests and field experiences of High-Performance SCCs, Proceedings of the third international RILEM conference on SCC, août 2003, Reykjavik, Islande, pp 271-280.

[12] Projet National B.A.P., Impacts socio-économiques, rapport de synthèse du groupe D, 39 pages.

[13] Synthèse des travaux du projet national BHP 2000 sur les bétons hautes performances, Presses de l'Ecole Nationale des Ponts et Chaussées, n°298.

[14] OKAMURA H. and OUCHI M., "Self-compacting concrete. Development, present and future", Proceedings of First International RILEM Symposium on Self-Compacting Concrete (PRO7), Stockholm, Suède, pp.3-14, 13-15 septembre 1999.

[15] HAYAKAWA M., MATSUOKA Y. and YOKOTA K., "Application of superworkable concrete in the construction of 70-story building in Japan", Second CANMET/ACI on advances in concrete technology, Las Vegas, ACI 154-20, pp. 381-397, 1995.

[16] NAGATAKI S. and FUJIWARA H., "Self compacting property of highly flowable concrete", Second CANMET/ACI on advances in concrete technology, Las Vegas, ACI 154-20, pp. 301-314, 1995.

[17] PETERSSON Ö., BILLBERG P. and VAN B.K., "A model for Self-Compacting Concrete", International Rilem Conference on 'Production methods and workability of concrete', RILEM Proceedings 32, 1996.

[18] SEDRAN T., « Les Bétons Autonivelants », bulletin LCPC 196, réf. 3889, pp. 53-60, mars-avril 1995.

[19] Association Française de Génie Civil, « Bétons autoplaçants - Recommandations provisoires », Annales du bâtiment et des travaux publics, juin 2000.

[20] BILLBERG P., "Influence of filler characteristics on SCC rheology and early hydration", Proceedings of 2nd International Symposium on Self-Compacting Concrete, Tokyo, Japon, pp. 285-294, 23-25 octobre 2001.

[21] Lee S. H., Kim H. J., Sakai E., Daimon M. (2003) : *Effect of particle size distribution of fly ash–cement system on the fluidity of cement pastes.* Cement and Concrete Research, Volume 33, Issue 5, May, Pages 763-768.

[22] Baron J. (1982) : *Le béton hydraulique*. Edité par Presses de l'Ecole Nationale des Ponts et Chaussées. Chapitre 6 « la structure des suspensions deciment », p99-113.

[23] Ramachandran V.S., Malhotra V.M., Jolicoeur C., Spiratos N. (1998) : *Superplasticizers: Properties and Applications in Concrete*. Minister of Public Work and Government Services, Canada.

[24] Van Damme H. (2002) *Colloidal chemo-mechanics of cement hydrates and smectite clays : cohesion. vs. swelling.* Encyclopedia of Surface and Colloïd Science, 1087–1103.

[25] Pellenq R. J.-M., van Damme H. (2004) : *Why does cement set ?: the nature of cohesion foreces in hardened cement-base materials.* MRS Bulletin, 319-323.

[26] Flatt R. J., Martys N. S., Bergström L. (2004) : *La Rhéologie des Matériaux Cimentaires (The Rheology of Cementitious Materials)*. National Institute of Standards and Technology. Ciments, Bétons, Plâtres, Chaux, N° 867, pp. 48-55, Juin-Juillet

[27] Li Ch.-Z., Feng N.-Q., Li Y.-D., Chen R.-J. (2004) : Effects of polyethlene oxide chains on the performance of polycarboxylate-type water-reducers. Cement and Concrete Research.

[28] Uchikawa H. (1986): *Effect of blending component on hydration and structure formation*, 8th International Congress on Chemistry of Cement, Rio de Janeiro, Brésil.

[29] Aïtcin P.-C., Sarkar S.L., Moranville-Regourd M., Volant M. (1987) : *Retardation effect of superplasticized on different cement fraction*, Cement and Concrete Research, vol.17, n°6, p.995-997.

[30] Baussant J.-B. (1990) : *Nouvelle méthode d'étude de la formation d'hydrates des ciments? Application à l'analyse de l'effet d'adjuvants organiques.* Thèse de doctorat, 156, Université de Franche-Comté, 194 pages.

[31] Fernon V. (1994): *Caractérisation des produits d'interaction adjuvants/hydrates du ciment. Journées techniques adjuvants*, Technodes, Guerville, France, 14 pages.

[32] Fernon V., Vichot A., Le Goanvic N., Colombet P., Corazza F., Costa U. (1997) : Interaction between portland cement hydrates and polynaphtalene sulfonates. Proceedings 5th CANMET/ACI Ferraris Ch. (1999) : *Measurement of the Rheological Properties of High Performance Concrete : State of the Art Report.* Journal of Research of the National Institute of Standards and Technology, Volume 104, Number 5, September–October.

[33] Sakai E., Daimon M., (1997): *Dispersion mechanisms of alite stabilized by superplasticizers containing polyethylenoxide graft chains*. Proceedings of the 5th CANMET/ACI International Conference on Superplasticizers and Other Chemical Admixtures in Concrete, SP-173, American Concrete Institute, pp. 187– 201.

[34] Flatt R. J., Houst Y. F. (2001): *A simplified view on chemical effects perturbing the action of superplasticizers.* Cement and Concrete Research, vol. 31, p. 1169–1176.

[35] Kim B.-G., Jiang S., Jolicoeur C., P.-C. Aïtcin (2000): *The adsorption behavior of PNS superplasticizer and its relation to fluidity of cement paste.* Cement and Concrete Research, Volume 30, Issue 6, June, Pages 887-893.

[36] BARON J. et OLLIVIER J.P., « Les Bétons – Bases et données pour leur formulation », éditions Eyrolles, 1996.

[37] Ozawa K., Maekawa K., Okamura H. (1990): *The high performance concrete with high filling capacity*. Proceedings of the international symposium on admixtures for concrete, RILEM Barcelone, p. 51-62

[38] Turcry P., Loukili A. (2002) : *Différentes approches pour la formulation associations des bétons autoplaçants : incidence sur les caractéristiques rhéologiques*. FGC/AUGC/IREX innovation et développement en génie civil et urbain - nouveaux bétons, Toulouse, 30-31, mai.

[39] Edamatsu Y., Nishida N., Ouchi M., "A rational mix-design method for self-compacting concrete considering interaction between coarse and mortar particles", Proceedings of the First International RILEM Symposium on Self- Compacting Concrete, Stockholm, Suède, pp. 4309-320, 1999.

[40] RILEM, "Self-Compacting Concrete. State-of-the-art report of RILE Technical Committee 174-SCC", Edited by A. Skarendahl and O. Petersso, RILEM Publications, France, 2001.

[41] Ozawa, K., Tangtermsirikul, S., Maekawa, K. (1992): *Role of Powder Materials on the Filling Capacity of Fresh Concrete*, Proceedings of the 4th Canmet/ACI International Conference on Fly Ash, Silica Fume, Slag and Natural Pozzolans in Concrete, Supplementary Papers, pp. 121-130.

[42] Hasni L. (1999) : *Bétons autoplaçants – synthèse bibliographique*. Rapport n°98-004/98006 CEBTP, 46pages.

[43] Bui V.K., Montgomery D. (1999) : *Mixture proportionning method for self-compacting high performance concrete with minimum paste volume*. Proceedings of the first International RILEM Symposium on Self-Compacting Concrete. Stockholm, Suède, pp. 373-384.

[44] De Larrard (2000) : *Structures granulaires et formulation des bétons*. Etudes et Recherches des LPC, avril, OA 34.

[45] Sedran Th. (1999) : *Rhéologie et rhéométrie des bétons. Application aux bétons autonivelants.* Thèse de doctorat de l'Ecole Nationale des Ponts et Chaussées. Laboratoire Central des Ponts et Chaussées.

[46] Traetteberg A. (1978) : *Silica fume as a pozzolanic material*, Il cimento, 75,3,369-375.

[47] Chong HU,(1995) « Rhéologie des bétons fluides », LCPC - Série ouvrage d'art OA16.

[48] Cyr M.,(1999) "Contribution à la caractérisation des fines minérales et à la compréhension de leur rôle joué dans le comportement rhéologique des matrices cimentaires", Thèse INSA Toulouse.

[49] Conrrazé G., Grossiord J.L. (2000) "Initiation à la rhéologie", Tec & Doc, 3ème édition.

[50] Evans, I.D., (1992) « Letter of the editor: on the nature of the yield stress », Jour. Of Rhel., 36(7), pp 1313 - 1316.

[51] Djelal, C. (1996) « Analyse du phénomène de frottement des mélanges eau-argile concentrés contre des surfaces métalliques », Thèse de Doctorat, INSA de Rennes.

[52] PAPO A., (1998) « Rhéological models for cement pastes », Materials and Structures/ Matériaux et Constructions, Vol. 21, pp 41 - 46.

[53] I. Doltsini, M. Schimmler (1998), "A study of the extrusion of compressible viscous materials", 1st Esaform congress, Sophia-Antipolis, pp.469-473.

[54] Doustens et Laquerbe (1987), "Exploitation rhéométrique du test d'ecrasement entre plateaux paralleles", Journal de mécanique théorique appliquée, Vol.6, No 2, pp.315-332.

[55] De Larrard F., Szitkar J.C., Hu C.,(1993) bul. LPC, n°186, 55 - 59.

[56] Mansoutre S., (2000) "Des suspensions concentrées aux milieux granulaires lubrifiés, Etude des pâtes de silicate tricalcique", These Université d'Orléance.

[57] Tettersall G. H., (1990) Rheol. Cement & Concrete, Liverpool, 270-280.

[58] Borgesson, L., Fredriksson, () "Influence of vibration on the rheological properties of cement", In Prc. of the international conference of the university of Liverpoool, pp. 313-322.

[59] BARKATO O., SHAUGHNESSY R. and CLARK P.E., (1988) « A rheological study of cement slurry », Third International Symposium on « Liquid-Solid Flows », American Society of Mechanical Engineers, Chicago, 7 November - 2 December, pp.115 - 120.

[60] ATZENI C., MASSIDDA L. and SANNA U., (1985) "Effect of rheological properties of cement pastes on workability of mortars", Cement, Concrete and Aggregates, Vol. 7, No. 2, pp. 78 - 83.

[61] LEGRAND C., (1982) « La structure des suspensions de ciment », Le Béton Hydraulique, Presses de l'Ecole Nationale des Ponts et Chaussées, pp. 99 - 113.

[62] PAPO A., (1988) « The thixotropic behaviour of white porland cement pastes », Cement and Concrete Reseach, Vol. 18, pp. 595 - 603.

[63] Quémada D., (1997) « Relation comportement structure dans les dispersion concentrées » in «Des grands écoulements naturels à la dynamique du tas de sable » Ed. CEMAGREF, 123 - 144.

[64] Kieguer IM., Dougherty T.J., cite in Krieger IM.,(1972) "Rheology of monodisperse latices", Advan Colloid. Interface .3, 11 - 136.

[65] Struble L.J., Guo-Kuang Sun, "Viscosity of porland cement paste as function of concentration"
[66] Papir, Y. S. Krieger, I. M., (1970) "Rheologicai studies on dispersions of uniform colloidal spheres", II Dispersion in nonaqueous Media, J. Coll. Interf. Sci., 34, pp. 126-130.

[67] Casson, N., (1959) "A flow equation for pigment-oil suspension of printing ink type", in Rheology of disperse systems, J.M. Burgers and GW. Scott Blair, eds, Northholland., Amsterdam, Nethderland.

[68] Hoffman, R.L., "Discontinous and dilatant viscosity behavior in concentrated suspensions". I: Observation of flow intability. Tans. Soc. Rheol. Acta., 20, pp. 207-209.

[69] Kitano, T., Kataoka, T., Shirola, T., (1981) "An empirical equation of the relation viscosity of polymers melts filled with various inorganic fillers". Rheol. Acta., 20, pp. 207-209.

[70] Schowalter W.R., Christensen G.," Toward a rationalization of the slump test for fresh concrete: comparison of calculation an experiments", J. Rheol. Vol. 42, N° 4, 1998, P. 865-870.

[71] Roussel N., Coussot P. « Ecoulement d'affaissement et d'étalement : modélisation, analyse et limite pratique » revue européenne de Génie Civil, Vol. 10, N° 1, 2006 P.35-44.

[72] Murata, J., "Flow and deformation of fresh concrete." *Matériaux et Constructions (Paris)* **17**, 1984 pp. 117–129.

[73] Pashias, N., Boger, D.V., Summers, J. and Glenister, D.J., 1996. "A fifty cent rheometer for yield stress measurement." *Journal of Rheology* **40** 6, pp. 1179–1189.

[74] Clayton, S., Grice, T.G., and Boger, D.V. "Analysis of the slump test for on-site yield stress measurement of mineral suspensions." International Journal of Mineral Processing, **70**: 3–21. 2003.

[75] Aaron W. Saak, Hamlin M. Jennings and Surendra P. Shah "A generalized approach for the determination of yield stress by slump and slump flow" CCR Vol.34, Issue 3, March 2004, Pages 363-371.

[76] Coussot P., Proust S., Ancey C., " Rheological interpretation of deposits of yield stress fluids" J. Non Newtonian Fluid Mech., Vol. 66, pp. 55-70, 1996.

[77] T.L.H. Nguyen, N. Roussel, P.Coussot, "Correlation between L-Box test and rheological parameters of a homogenous yield stress fluid ", Cement and Concrete Research, 36, 1789-1796 (2006).

[78] The European guidelines for self-compacting concrete specification, production and use may 2005

[79] Daczko J.A., "A comparison of passing ability test methods for selfconsolidating concrete", Proceedings of the Third International Symposium on Self-Compacting Concrete, Reykjavik, Islande, pp. 335-344, 2003.

[80] Rols S., Ambroise J., Péra J., "Effects of different viscosity agents on the properties of self-leveling concrete", Cement and Concrete Research, 29, 2, p.261-266, 1999

[81] Arbelaez Jaramillo C.A., Rigueira Victor J.W., Marti Vargas J.R., Serna Ros P., Pinto Barbosa M., "Reduced models test for the characterization of the rheologic properties of self- compacting concrete (SCC)", Proceedings of the Third International Symposium on Self-Compacting Concrete, Reykjavik, Islande, pp. 240-250, 2003

[82] Bartos P.J.M., "Assessment of properties of underwater concrete by the Orimet test", Proceedings of the International RILEM workshop on Special Concretes Workability and Mixing, Paisley, Ecosse, pp.191-200, 1993.

[83] Hayakawa M., Matsuoka Y., Shindoh T., "Development and application of super-workable concrete", Proceedings of the International RILEM Workshop on Special Concretes : Workability and Mixing, Paisley, Ecosse, pp.183-190, 1993.

[84] Otsuki N., Hisada M., Nagataki S., Kamada T., "An experimental study on fluidity of antiwashout underwater concrete", ACI Materials Journal, 93, 1,20-25, 1996.

[85] Van B.K., Montgomery D. G., Hinczak I., Turner K., "Rapid testing methods for segregation resistance and filling ability of self-compacting concrete", Proceedings of the fourthCANMET/ACI/JCI International Symposium: Advances in Concrete Technology, Tokushima, Japon, pp. 85-104, 1998.

[86] Ambroise J., Rols S., Péra J., "Self-leveling concrete – Design and properties", Concrete Science and Engineering, 1, pp. 140-147, septembre 1999.

[87] Sedran T., "Rhéologie et rhéométrie des bétons. Application aux béton autonivelants", thèse de doctorat de l'Ecole Nationale des Ponts et Chaussées, Mars 1999.

[88] Bui V.K., Montgomery D., Hinczak I., Turner K., "Rapid testing method for segregation resistance of self-compacting concrete", Cement and Concrete Research, 32, 9, pp. 1489-1496 septembre 2002.

[89] Tattersall G.H., Banfill P.F.G., "The Rheology of Fresh Concrete", Pitman, 356 p., 1983.

[90] Bird R. B., Armstrong R. C., and Hassager O. "Dynamics of Polymeric Liquids" Wiley, New York, 1987.

[91] Poitou A. and Racineux G. "A squeezing experiment showing binder migration in concentrated suspension". J. Rheol. 45, 609 (2001).

[92] Chaari F., Racineux G., Poitou A. and Chaouche M.,"Rheologie Behavior of Sewage Sludge and Strain-induiced Dewatering", Rheol. Acta, 42(3), 273-279 (2003).

[93] Delhaye N., Poitou A. and Chaouche M., "Squeeze flow of highly concentrated suspensions of spheres." J. Non-Newtonian fluid Mech., 94(1), 67-74 (2000)

[94] Collomb J., Chaari F., anh Chaouche M., "Squeeze flow of concentrated suspensions of spheres in Newtonnian and shear-thinning fluids", J. of Rheol. 48 (2), 405 (2004).

[95] Domone PL, and Chai HW, "Design and testing of self-compacting concrete", pp. 223-236 in Proc.Of RILEM Int. Conf. Production Methods and workability of concrete. Edited by PJM Bartos, DL Marrs, and DJ Cleland. Scotland, 1996.

[96] Ferraris C.F, Karthik O.H., and Hill R. (2001) «The influence of mineral admixtures on the rheology of cement paste and concrete» Cement and Concrete Research, 31(2), pp.245-255.

[97] Olivier Bonneau (1996) «Etude des effets Physico-chimiques des Superplastifiants en vue d'optimiser le Comportement Rhéologique» Thèse de l'Ecole Normale Superieure de Cachan et de l'Université de Sherbrooke.

[98] Carman P. C. (1937) Trans. Inst. Chem. Engrs (London) 15, 150-159

[99] Carman P C, (1938) Soc Chem Inditst (Trans and Gommitn) 57, 225-234

[100]: Assad J., khayat K.H., Mesbah H."Assesment of thixotropy of flowable and self- consolidating concrete". ACI Materiels Journal. Vol. 100 (2) : pp. 99-107 2003.

[101] : Roussel N., " A theorical frame to study stability of fresh concrete ", RILEM Mater. Struct. 39 (1) pp. 75-83 2006.

[102] Toutou Z., Cador M., Roussel N., D'Aloia Schawartzevtruber L., Vilbe E., Le Roy R.., « rhéologie des bétons autoplaçants : évaluation de la thixotropie » Bulletin de liaison des Ponts et Chaussées N° 258-259, pp. 15-27, Octobre- Novembre-Décembre, 2005.

[103] Daoud M. et William C. « La juste argile », Les Ulis Cambridge (Mass.) Les Ed. de Physique, 397 p, 1995

[104] Banfill P.F.G. " Silmultaneous measurements of hydration rate and rheology on cement pastes" In Hydration and Setting of cements (Nonat, A., Mutin, J., editors), Proceeding of a RILEM Workshop, Spon pp. 267-275, 1992.

[105] J. Bouton, B. Jakob (1994) "Caractérisation du comportement thixotrope : méthodes instrumentales actuelles", Les Cahiers de Rhéologie du GFR, volume XIII, No 1-2, p. 10-19

[106] Struble, L. and Huagang, Z "Using Oscillatory Rheology to Study Cement Paste", Cementing the Future, vol. 13, No. 1, pp. 4-6. . (2002).

[107] Aicha F. Ghezal et Kamal H. Khayat (2003) "Pseudoplastic and thixotropic properties of SCC equivalent mortar made with various admixtures", 3rd International Symposium on Self-Compacting Concrete, Reykjavik, Iceland

[108] Howard A.Barnes (1997) "Thixotropy - a review", Journal of Non-Newtonian Fluid Mechanics, 70, p. 1-33.

[109] Frédéric Pignon, Albert Magnin and Jean-Michel Piau (1998) "Thixotropic behaviour of clay dispersions : Combinations of scatttering and rheometric techniques" The Scociety of rheology, Inc., 42(6), p. 1349-1373.

[110] T.H. Phan, M. chaouche and M. Moranville: "Influence of organic admixtures on the rheological behaviour of cement pastes", Cement & Concrete Research 36 (2006) (10) 1807-1813

[111] Roussel N, Le Roy R, Coussot P: Thixotropy modeling at local and macroscopic scale, J. Non Newt. Fluid Mech. 117 (2004) 85-95.

[112] Stokes JR, Telford JH: Measuring the yield behaviour of structured fluids, J.Non Newt. Fluid Mech. 124 (2004) 137-146.

[113] Galindo-Rosales FJ, Rubio-Hermàdes F.J: Structural breakdown and build-up in bentonite dispersion, Applied Clay Science 33 (2006) 109-115.

[114] Mujundar A, Beris AN, Metzner AB: Transient phenomena in thixotropic systems, J. Non Newt. Fluid Mech. 102 (2002) 157-178.

[115] Domone PL, and Chai HW, (1996) «Design and testing of self-compacting concrete», pp. 223-236 in *Proc.Of RILEM Int. Conf. Production Methods and workability of concrete*. Edited by PJM Bartos, DL Marrs, and DJ Cleland. Scotland.

[116] Ferraris C.F, Karthik O.H., and Hill R. (2001) «The influence of mineral admixtures on the rheology of cement paste and concrete» *Cement and Concrete Research*, 31(2), pp 245-255.

[117] Coussot P., Ancey C., "Rhéophysique des pâtes et des suspensions" EDP, Sciences, 1999
Effects of different viscosity agents on the properties of self-leveling concrete

[118] Vincent A.Hackley, Chiara F. Ferraris, "The Use of Nomenclature in Dispersion Science and Technology" NIST, Special Publication 960-3, August 2001.

[119] Uzomaka O.J., A concrete rheometer and its application to a rheological study of concrete mixes, Proc. 6th Int. Congress of Rheolog, Lyon, Vol.4, pp 233-235 (1972).

[120] Murata J., Kikukawa H., "Studies of rheological analysis of fresh concrete" Fresh concrete: important propeties and their measurement, Proc. Of RILEM Seminar, Vol. 1, pp 1-33, (1973).

[121] Tettersall G.H., Bloomer S.J. "Further development of the two point test for workability and extension of its range" Magazine of concrete Reseach, Vol. 31, No 109, pp 202-210 (1979).

[122] Banfill P.F.G., "A coaxial cylinders viscosimeter for mortar: design and experimental validation".Proc. Of the International Conference on "rheology of fresh cement and concrete", Livepool, pp 217-226, (1990).

[123] Wallevik O.H., Gjorv O.E, "Modification of the two point workability appartus". Magazine of concrete Research, No 152, pp 135-142 (1990).

[124] Coussot P., Piau J.M, Meunier M. "Rheometry of mudflows". Proc. Of the International Symposium on debris flows and food disaster protection, Vol. A "debris flow", pp 80-85, (1991).

[125] Tanner, R.I. 1988 Engineering Rheology, Clerendon Press, Oxford.

[126] Coleman, B.D., Markowitz H. and Noll, W. 1966. Viscosimetric Flows of Non-Newtonian Fluids, New-York, Springer Verlag.

[127] Irshad Masood and S.K. Agarwal (1992) «Effet of various superplasticizers on rheological propeties of cement paste and mortars» Cement and Concrete Research, Vol.24, No.2, pp 291-302.

[128] H. Lombois, D. Lootens, J.L. Halary, P. Hébraud, P. Colombet, E. Lécolier et H. Van Damme (2004) «Sur le rôle ambigu de la lubrification dans la rhéologie des pâtes granulaires»

[129] Leslie and Guo-Kuang Sun (1995) «Viscosity of Porland Cement Paste as a Function of Concentration» Elsevier Science Inc., Advance Cement Based Materials, 2, 62-69.

[130] Struble L., Sun G.K.(1995) "Viscosity of Portland Cement Paste as a Function of Concentration", Advanced Cement Based Materials, 2, pp. 62-96.

[131] J. Mewis, K.U. Leuven (1994) "The thixotropy approach to time dependency in rheology", Les Cahiers de Rhéologie du GFR, volume XIII, No 1-2, p.3-9.

[132] N. Roussel (2005) "Steady and transient flow behaviour of fresh cement paste", Cement and Concrete Research. (In press, available online 4 June 2005)

[133] E.A. Toorman (1997) "Modelling the thixotrpic behaviour of dense cohesive sediment suspensions", Rheol. Acta 36, 56-65.

[134] P.F.G; Banfill, D.C. Sauders (1981) "On the viscosimetric examination of cement pastes", Cement and Concrete Research 11, 363-370.

[135] M. Nehdi, M.A. Rahman (2004) "Estimating rheological properties of cement pastes using various rheological models for different test geometry, gap and surface friction", Cement and Concrete Research 34(11), 1993-2007.

[136] H.A. Barnes (1989) "Shear-thickening 'dilatancy' in suspensions of nonaggregating solid particles dispersed in Newtonian liquids", J. Rheol. 33, 329-366.

[137] Lucie Svermora, Mohammed Sonebi, Peter J.M. Bartos (2003) "Influence of mix proportions on rheology of cement grouts containing limestone powder", Cement and Concrete Composites,Volume 25, pp. 737-749

[138] Ramachandran, V.S., Malhotra, V.M, Jolicoeur, C., and Spiratos, N., (1998) "Superplasticizers : Properties and Applications in Concrete", Chapter 7, CANMET, Ottawa.

[139] Jean Yves PETIT (2005) «Effet de la température, des superplastifiants et des ajouts sur les variations rhéologiques des micromortiers et bétons auto-compactants» Thèse de l'Université d'Artois et de l'Université de Sherbrooke.

[140] Gautier, E. (1973) «Deux méthodes de la mesure de la chaleur d'hydratation des ciments» Revue Matériaux ciment et béton.

[141] Kada, H., Duthoit, B., Lejeune, G. (1997) «Dispositif d'étude de la cinétique d'hydratation des bétons par calorimètre isotherme» Bulletin de liaison des laboratoires des Ponts et Chaussée, No 210, p. 31-40.

[142] Kada, H. (1998) «Techniques de mesures fluxmétriques appliquées à l'étude de la cinétique d'hydratation des bétons : calorimétrie isotherme et mesures directes sur ouvrages » Thèse de l'Université d'Artois, Béthune, 173 p.

[143] Vernet, Ch.(1982) «Etude de la cinétique des réactions d'hydratation des ciments industriels. Méthodologie et Application», Thèse CNAM, Ing. Phys. Paris.

[144] Bayoux, J.P, Sabio, S., Bier, T., Mathieu,A.(1994) «Sedimentory and conductimetry analysis to investigate polymer/ calcium aluminate cement hydratation» Conchem Conf., 77-86.

[145] K. H. Khayat. Viscosity-enhancing admixtures for cement-based materials — An overview. Cement and Concrete Composites 20 (1998) 2-3, pp. 171-188).

[146] H. Paiva, L.M. Silva, V.M. Ferreira and J.A. Labrincha, Effects of a water retaining agent on the rheological behaviour of a single-coat render mortar. Cement and Concrete Research 36 (2006), pp. 1257–1262.

[147] T. Indei. Necessary conditions for shear thickening in associating polymer networks.Journal of Non-Newtonian Fluid Mechanics 141 (2007) (1), pp. 18-42.

[148] M. Saric-Coric, K. H. Khayat and A. Tagnit-Hamou. Performance characteristics of cement grouts made with various combinations of high-range water reducer and cellulosebased viscosity modifier. Cement and Concrete Research, 33 (2003) (12), pp. 1999-2008.

Oui, je veux morebooks!

i want morebooks!

Buy your books fast and straightforward online - at one of world's fastest growing online book stores! Environmentally sound due to Print-on-Demand technologies.

Buy your books online at
www.get-morebooks.com

Achetez vos livres en ligne, vite et bien, sur l'une des librairies en ligne les plus performantes au monde!
En protégeant nos ressources et notre environnement grâce à l'impression à la demande.

La librairie en ligne pour acheter plus vite
www.morebooks.fr

VDM Verlagsservicegesellschaft mbH
Heinrich-Böcking-Str. 6-8   Telefon: +49 681 3720 174   info@vdm-vsg.de
D - 66121 Saarbrücken   Telefax: +49 681 3720 1749   www.vdm-vsg.de

Printed by Books on Demand GmbH, Norderstedt / Germany